编委会

主　编：胡滇碧

副主编：王海燕　黄　敏　马雨菡

编　委（按姓氏音序笔画为序）：

马雨菡	王兴伟	王海燕	朱龙章	朱昱璇	任建青
刘杨智麟	许　超	李　珍	李玥庆	李泽诚	李俊开
李昌远	吴亚萍	张永生	张俊辉	陈雨佳	陈婧尧
赵　爽	徐　宁	徐冬冬	黄　文	黄　敏	赛立馨
翟家胜					

编　者（按姓氏音序笔画为序）：

马雨菡	王海燕	朱龙章	朱昱璇	任建青	李　珍
李泽诚	李昌远	张永生	张俊辉	陈雨佳	陈婧尧
赵　爽	徐　宁	徐冬冬	黄　文	黄　敏	赛立馨
翟家胜					

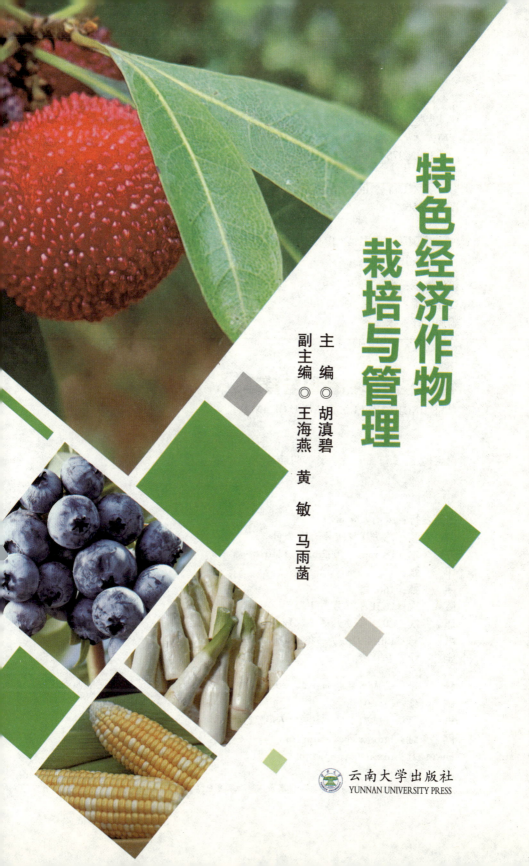

特色经济作物
栽培与管理

主　编 ◎ 胡滇碧

副主编 ◎ 王海燕　黄　敏　马雨菡

云南大学出版社
YUNNAN UNIVERSITY PRESS

图书在版编目（ＣＩＰ）数据

特色经济作物栽培与管理 / 胡滇碧主编 . -- 昆明：
云南大学出版社 , 2021
　　ISBN 978-7-5482-4163-8

　　Ⅰ . ①特… Ⅱ . ①胡… Ⅲ . ①经济作物—栽培技术
Ⅳ . ① S56

中国版本图书馆 CIP 数据核字 (2020) 第 192362 号

策划编辑：朱　军
责任编辑：蔡小旭
封面设计：张亚林

特色经济作物栽培与管理
TESE JINGJI ZUOWU ZAIPEI YU GUANLI

主　编◎胡滇碧
副主编◎王海燕　黄　敏　马雨菡

出版发行：云南大学出版社
印　　装：昆明理煌印务有限公司
开　　本：787mm×1092mm　1/16
印　　张：11.5
字　　数：166 千
版　　次：2021 年 9 月第 1 版
印　　次：2021 年 9 月第 1 次印刷
书　　号：ISBN 978-7-5482-4163-8
定　　价：45.00 元

社　　址：云南省昆明市一二一大街 182 号（云南大学东陆校区英华园内）
邮　　编：650091
电　　话：（0871）65031070　65033244
网　　址：http://www.ynup.com
E-mail：market@ynup.com

本书若发现印装质量问题，请与印厂联系调换，联系电话：0871-64167045。

前　言

经济作物在我国农业生产中占有十分重要的地位，其产品具有多方面的使用价值。多数经济作物产品是人类生存最基本、最必需的生活资料，关系到人们的身体健康及生活质量。通常具有地域性强、栽培技术要求高、商品性高、经济价值高等特点。经济作物种类繁多，一般包括棉花、油料、麻类、桑柞丝、茶叶、糖料、蔬菜、烟叶、果品、药材、花卉等。我国南北横跨的温度带较多，经济作物的南北差异很大。适宜热带地区种植的经济作物主要有橡胶、咖啡、可可、胡椒、椰子、油棕、香蕉、龙眼、荔枝、菠萝和特种药材等；适宜亚热带地区栽培的有甘蔗、茶树、油桐、柑橘、油菜等；适宜温带地区种植的有棉花、花生、苹果、梨、葡萄等；而在中温带地区主要种植甜菜和大豆等。

云南地处低纬度高原，是中国植物资源最丰富的省份之一，素有"植物王国"和"植物宝库"的美誉。全省气候类型复杂多样，有北热带、南亚热带、中亚热带、北亚热带、南温带、中温带和高原气候区等七个温度带气候类型，加之地形复杂，垂直高差大的原因，立体气候特点显著。云南气候最为突出的特点是年温差小、日温差大、降水充沛、干湿分明、气温垂直变化差异明显，无霜期长，光照条件好，这些气候特点非常适宜各种农作物的生长。特殊的自然条件造就了云南极其丰富的物种资源，其中，经济作物主要有烤烟、蔗糖、橡胶、茶叶、花卉、咖啡、蔬菜、核桃、水果等。丰富的经济作物种类为云南发展高原特色农业，走好乡村特色产业之路，兴旺乡村产业，实现乡村振兴提供了资源保障。

实施乡村振兴战略，是决胜全面建成小康社会、全面建设社会主义现代化国家的重大历史任务，是新时代"三农"工作的总抓手。振兴乡村，产业发展是关键。大力发展以种植、养殖为主体的现代农业产业是推动农村经济发展、实现农民增收的主要途径。因地制宜，结合地域及资源优势，发展乡村特色经济作物栽培，走一条"人无我有、人有我优"、科学发展、符合自身实际的道路，才能大力推进脱贫攻坚与乡村振兴的有效"接力"，真正实现乡村产业振兴，促进农业高质高效、乡村宜居宜业、农民富裕富足，绘就乡村振兴壮美画卷！

本书根据乡村振兴战略的目标及任务，聚焦特色经济作物栽培，重点介绍发展前景好、适合多地种植、经济效益较高的特色果树、蔬菜及药材的栽培管理技术。书中具体从概述、生长环境条件、栽培管理技术、病虫害防治、采收等五个方面介绍这些作物的种植技术要点及高效管理方法。另外书中配有图片，读者更加直观地学习、掌握作物的栽培管理技术。

希望本书能为从事特色经济作物种植管理的广大读者提供一些指导和帮助，为乡村产业发展助一臂之力。

在此，特别感谢参编本书的作者及为本书的出版做出贡献的所有人！感谢昆明英武农业科技有限公司！

目 录

特色药材篇

参考文献 / 174

特色果树篇

云南水果种类丰富，现已查明的果树资源约有49科、118属、287种，分别占全国科、属、种的88.4%、92%、75%。目前，全省主要栽培的水果种类有23个，以温带、亚热带及热带水果为主，居全国首位。得天独厚的立体气候及特早特晚的熟期优势使云南水果品质较高，云南水果产业成为云南高原特色农业一个重要组成部分。随着交通的改善、水利基础设施的完善、惠农政策的贯彻落实，云南的香蕉、梨、苹果、柑橘、葡萄、芒果、桃、石榴等大宗水果产业得到快速发展。但云南水果产业依然存在绿色、有机果品生产潜能没有得到充分挖掘的问题。诸如草莓、杨梅、蓝莓、树莓、百香果等新兴优质特色果种，多数果园基础设施薄弱，管理粗放，优质果树被种成了"懒庄稼"。果树栽培是一项系统工程，特别是这些小宗特色果种更需要依据地理气候及环境条件的要求适树适栽（其中品种选择是关键）；做好土肥水管理，满足果树各生长时期对肥料及水分的要求；进行合理的整形修剪，及时疏花、疏果，调整结果量；清洁果园，同时做好病虫害的防治，才能获得优质果品以及较高的经济收益。本篇着重介绍几种特色果树绿色栽培技术要点，以"公共植保、绿色植保、科学植保"的病虫害防治理念，生产健康、绿色、优质果品。

草莓栽培与管理

一、概述

草莓，原产于欧洲，又名红莓、洋莓、地莓、士多啤梨等，蔷薇科草莓属植物，属多年生草本植物，在全世界已知有 50 多种。

草莓的外观呈心形，鲜美红嫩，果肉多汁，酸甜可口，有特殊浓郁的水果芳香，且营养丰富，被人们誉为"水果皇后"。草莓味甘酸、性凉、无毒，具有滋润、生津、利痰、健脾、解酒、补血、化脂等功效，对肠胃病和心血管病有一定防治作用，具有较高的药用价值。草莓除鲜食外，还可加工成草莓酱、草莓汁、草莓酒、草莓露、糖水草莓、草莓蜜饯、草莓脯和各种冷饮。加工工艺简便，操作容易，投资小，适于乡镇企业和家庭经营、加工。

图 1　草莓（黄敏　拍摄）

草莓适应性强，分布范围广，且具有容易繁殖、周期短、产量高、见效快、经济效益高、适于保护地栽培等优势，成为我国果树业中发展最快的一项新兴产业。

二、生长环境条件

（一）光照

草莓喜光，但也能耐轻微遮阴，适合与粮、菜、果作物套种，宜合理密植。多数草莓品种是短日照植物，在初秋日照变短，气温变低的条件下才能形成花芽。在花芽分化期，适宜 10～12 小时的短日照和较低的温度，而在开花结果期和旺盛生长期，适宜 12～15 小时的长日照。

（二）温度

草莓对温度的适应性较强，喜欢温暖的气候，但不抗高温，有一定的耐寒性。草莓苗生长的最适温度为 18～25℃，光合作用的最适温度为 15～25℃，夏季气温超过 30℃生长受抑制。

（三）水分

草莓根系分布较浅，多分布在 20 厘米的土层内，加上叶片多，蒸发量大，在整个生长期不断进行新老叶片的更替，所以在整个生长发育过程中，草莓都需要充足的水分供应。

（四）土壤

草莓适应性强，但最适宜栽植在疏松、肥沃（有机质含量为 1.5%～2%）、通气良好、保肥保水能力强的沙壤土中。适宜生长于 pH 值 5.8～7.0 的中性或微酸性的土壤中。

三、栽培管理技术

（一）繁殖方式

草莓主要采用无性繁殖，如匍匐茎繁殖、新茎分株繁殖和组织培养繁殖，生产上常用匍匐茎繁殖。

选择品种纯正、健壮、无病虫害、短缩茎粗在 1 厘米以上，有 4～5 片叶，根系发达的植株作母株。采用高畦双行定植，即畦宽 2 米，株距 50 厘米，距畦边 30 厘米各栽 1 行，以方便排灌，利于通风透光。栽植时母株基部凸起部分（弓背）向畦沟，匍匐茎向畦内抽生。栽植时注意深不埋心、浅不露根，栽后浇透定根水。

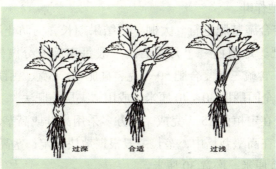

过深　　合适　　过浅

图 2　草莓种苗栽植深度（黄敏　绘）

当母株生长出匍匐茎后，及时引蔓、压土，使匍匐茎在地面上均匀分布。及时去除母株花序和病叶老叶。一般每株留 5～6 条匍匐茎，每条匍匐茎上留靠近母株的 4～5 个新苗，对匍匐茎进行摘心，此后再发匍匐茎要及时去掉。

（二）建园

草莓多采用设施栽培，如日光温室，塑料大、中棚，小拱棚，地膜覆盖，或是塑料大棚加地膜覆盖，主要进行春季提早成熟栽培；用冷库进行草莓植株的冷藏抑制栽培，以及无土栽培等。目前，云南省在生产上常用的设施主要有塑料大棚促成栽培和中、小拱棚早熟栽培。大棚促成栽培可实现 11 月下旬果实上市，采果期可一直持续到翌年 5 月。本章就不同于露地栽培的草莓大棚多年一栽（草莓栽植一次后，连续生产 3 年以上的栽培方式）关键技术做详细介绍。

1. 品种选择

大棚促成栽培应选择休眠浅、早熟的大果型品种。如丰香、章姬、鬼怒甘、明宝、春香、女峰、久能、硕丰、枥木少女、星都 1 号、星都 2 号、新明星等。同时也应注意搭配授粉品种。

2. 园地选择

选择地势较高，地面平坦，土质疏松，土壤肥沃，酸碱适宜，排灌方便和通风良好，且多年没有种过草莓的新地，以南北向修建大棚。

3. 整地作畦

整地结合施基肥进行。大棚草莓结果期长，为防止脱叶早衰，要重施基肥。定植前一个月左右，一般每亩施充分腐熟的有机肥5000千克，含硫三元复合肥50千克、硅肥10千克、钙镁磷肥30千克。撒施后全园翻耕30～40厘米，或用"夹层施肥法"。

做畦应在定植前15天完成。南方多采用高畦或高垄栽培，南北方向做畦。在高垄栽培中，垄长一般根据地块来定，垄高20～30厘米，垄宽60厘米，沟宽30厘米。

（三）定植

宜在9月下旬的阴天，或晴天下午4点以后气温下降后定植。可采用高畦、高垄单行或双行定植，其中双行三角形的定植最佳。

1. 带土移栽或浆根后种植

带土定植伤根少，缓苗期短，对不良气候的抵抗力强，生长恢复快，有利于培育健壮的植株。远距离购回的秧苗，可用泥浆蘸根后定植，以提高成活率。

2. 定植方向

高垄双行三角形栽植时，草莓苗弓背朝向两侧畦沟，花序从弓背方向长出，便于用挡隔板将花序与叶分开，结果时果穗抽向畦两侧，有利于阳光照射和通风，降低果实表面湿度，改善浆果品质并减轻果实病害，还便于采收。

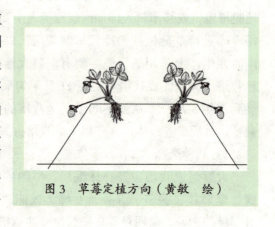

图3　草莓定植方向（黄敏　绘）

3. 栽苗方法

双行三角形的定植为垄上定植两行草莓，通常株距为18～20厘米，行距25～30厘米，垄宽60厘米，沟宽30厘米。每亩可栽7400～8200株。栽苗前，先按确定的株行距挖好定植穴，穴深

5～10厘米。定植时，用左手将带土苗放入定植穴中，确定弓背放置的方向，扶正，右手拿小锄头或小铲子将穴旁的细土填入穴内，填入穴内的土稍高于育苗土即可。若为裸根苗，则穴前地表要与苗的新茎顶部相平，露出心芽，确定弓背放置的方向，把苗放入，将根舒展置于穴内，然后填入细土，压实。随后再轻提一下苗，使根系与土紧密结合。栽植深度以"深不埋心，浅不露根"为宜，即浇水沉实后苗心仍能略高于土表0.5厘米左右，苗心与地面平齐。栽后立即浇透定根水。栽后如果遇高温烈日要用遮阳网或稻草等遮阳，以降温保湿。

（四）果园管理

1. 肥水管理

前期注意经常保持土壤湿润。大棚内灌水应尽量采用膜下滴灌，不仅省水省工，还可降低棚内湿度。浇水应在早晨或傍晚气温较低时进行。缓苗后则要视墒情浇水，一般一直到开花坐果期10天左右浇1次水，开花前1周左右要停止浇水。

除重基肥外，还应追施薄肥，但要少施勤施。施肥常和灌水结合进行，随滴灌渗入土中。一般在缓苗后7天左右浇1次稀粪尿或1%的复合肥稀肥水，以促进植株恢复生长。第二次追肥在顶花序现蕾后，覆盖地膜前叶色转淡时进行，以促进顶花序生长。以后分别在顶花序及顶果长到拇指大小、顶果开始采收、顶花序果收获盛期及其他花序果开始采收时进行。此时追肥以适氮，增磷、钾为宜。开花结果期可叶面喷施磷酸二氢钾或硼酸水溶液，以提高授粉坐果率。中后期结合喷药，叶面喷施磷酸二氢钾，以提高果重及含糖量。

2. 适时扣棚，覆盖黑色地膜

昆明地区以10月底至11月上旬夜间最低气温降到8℃左右时扣棚最为适宜。11月下旬棚内温度低于5℃时，可在大棚内加扣小拱棚。若出现0℃以下的低温时，应在小拱棚上盖草席保温。

一般10月中旬在大棚中铺黑色地膜，覆膜前彻底进行一次中耕除草，做好追肥及病虫害防治工作，并在墒面上铺设滴溉软管，也可在盖大棚后及时覆盖地膜。

3. 大棚的温度和湿度管理

大棚草莓在生育期可不断开花结果，一般在现蕾后棚内温度白天应保持在 25～28℃，夜间在 5℃以上，高于 30℃或低于 5℃都不利于草莓的开花结果。如出现 32℃以上高温时，应及时通风降温，下午 5 时左右关棚保温。当夜间气温低于 5℃时，应在棚内搭小拱棚保温。棚内相对湿度以保持在 70%～80%为宜。

4. 植株调整，疏花疏果

（1）摘除老叶、病叶。

生长季节及时摘除植株下部叶片呈水平着生并变黄的越冬老叶、病叶以及生长较弱的侧芽。在多年一栽的草莓园内，当浆果采收后，要割除地上部分的所有老叶，每株只留 2～3 片新叶，可刺激多发新茎，从而增加花芽数量，达到翌年增产的效果。

（2）疏花疏果。

在蕾期疏除整个花序中 1/5～1/4 高级次的花蕾；若来不及疏蕾就疏花和疏幼果。疏去病虫果、畸形果和较弱小的果实，同时疏除上一批采果后留下的果柄，将其带出园外集中处理。

（3）去除匍匐茎。

及时摘除全部匍匐茎，以保证植株健壮生长，促进花芽分化，增强植株越冬能力。

（4）垫果。

没有覆盖地膜的草莓园，应在开花后 2～3 周在墒面上铺稻草、麦秆等物垫果。也可在栽植垄的两端拉细绳，将叶片拦在垄面的中间，植株两旁间隔一定的距离再插竹片固定，使花果和叶片分开，伸出墒面。也可用特制的塑料拦叶。采果后应立即撤出垫果的材料，以利田间管理。

（5）花期放蜂。

当草莓进入花期后在大棚内放养蜜蜂，以利授粉，可减少畸形果，提高坐果率，显著提高产量和果实品质。大棚内放蜂应在开花前 5～6 天进行，每棚放养 1～2 箱蜜蜂，并在棚内用容器适当放砂糖或花粉喂养。同时要注意保温和适时通风，降低棚内湿度，以使蜜蜂在开花前能充分适应棚内环境。放入蜜蜂后不要喷洒农药或杀虫剂。

四、病虫害防治

草莓植株矮小，茎、叶及果实接近地面，为多种病虫完成其滋生侵染循环提供了良好的生态条件，是一种极易受病虫为害的植物。

（一）主要病害及其防治

1. 白粉病

草莓白粉病主要危害叶片、叶柄、花蕾、果实、果柄等。发病初期在叶背面发生白色丝状菌丝，然后形成白粉状，危害严重时叶缘向上卷起，焦枯；花瓣受害后变为红色；果实受害后果面覆盖白色粉状物，膨大停止，着色不良。该病全年均可发生。当气温在20℃以下，湿度在60%以上时发病较重，但在过分干旱时也易发生。

药剂防控：在发病初期可选用70%甲基托布津可湿性粉剂1000倍液，或50%多菌灵可湿性粉剂1000倍液，或农抗120水剂200倍液，或多氧霉素（AL）可湿性粉剂1000倍液，或选用百可得、特富灵、翠贝1000倍液喷雾。在开花前，每隔7～10天喷1次。在保护地栽培条件下每公顷可采用3～3.75克的45%百菌清烟熏剂或采用速克灵烟熏剂灭菌。

2. 灰霉病

灰霉病主要危害叶片、花、果柄和果实。当叶片和果柄上发病时，病部产生褐色或暗褐色水渍状病斑，湿润时叶背会出现乳白色绒毛状菌丝团。花蕾和花柄发病后变为暗褐色，以后蔓延枯死。果实被害初期出现油渍状褐色斑点，进而迅速扩大，至全果变软，密生灰霉。

药剂防控：从花序显露至开花前是药剂防治的关键时期。可选用的药剂有70%甲基托布津可湿性粉剂500～1000倍液，等量式波尔多液200倍液，多氧霉素可湿性粉剂500倍液，克菌丹可湿性粉剂800倍液，50%速克灵可湿性粉剂，或25%扑海因可湿性粉剂1000倍液喷雾等，每隔7～10天喷1次，连喷2～3次。在采用保护地栽培时，可每667平方米用20%速克灵烟剂80～100克，分放到5～6

处，傍晚点燃，闭棚过夜，每隔 7 天熏 1 次，连熏 2~3 次。

3. 叶斑病

草莓叶斑病又称草莓白斑病、蛇眼病。主要危害叶片，多在老叶上发病形成病斑，也侵染叶柄、果柄、花萼和匍匐茎。发病初期在叶片上出现淡红色小斑点，以后逐渐扩大直径为 3~6 毫米的圆形病斑，病斑中央呈棕色，后变为白色，似蛇眼状。

药剂防控：在发病初期喷等量式 200 倍波尔多液，或 30%绿得保悬浮剂 400 倍液，或 75%百菌清可湿性粉剂 500 倍液，或 70%甲基托布津可湿性粉剂 1000 倍液，每 10 天喷 1 次，共喷 2~3 次。

4. 根腐病

发病初期先由基部叶的边缘开始变红褐色，然后向上萎缩枯死，根的中心柱呈红色或淡红色，以后开始变黑褐色而腐烂。

药剂防控：及时挖除病株，并浇灌 58%甲霜灵锰锌可湿性粉剂或 60%杀毒矾可湿性粉剂 500 倍液，或 72%霜脲锰锌可湿性粉剂 800 倍液等，连续防治 2~3 次。

5. 草莓叶枯病

草莓叶枯病主要在春秋发病，侵害叶、叶柄、果梗和花萼。发病初期，叶上产生紫褐色无光泽小斑点，以后扩大成直径为 3~4 毫米的不规则病斑，病斑中央与周缘颜色变化不大。病斑有沿叶脉分布的倾向，发病重时叶面布满病斑，后期全叶黄褐至暗褐色，直至枯死。在病斑枯死部分长出黑色小粒点，叶柄或果梗发病后，产生黑褐色稍凹陷的病斑，病部组织变脆而易折断。

药剂防控：于秋季降温初期用 25%多菌灵可湿性粉剂 300~400 倍液，或 70%甲基托布津 1200 倍液，或代森锌可湿性粉剂 400~600 倍液，或代森锰锌可湿性粉剂 600 倍液，或 2%农抗 120 毫升水剂 200 倍液喷布，每隔 7~10 天喷 1 次。

（二）主要虫害及其防治

1. 斜纹夜蛾

药剂防控：药剂防治掌握在 3 龄前局部发生阶段。用 5%抑太保乳油或 5%卡死克乳油 2000~2500 倍液，5.7%百树菊酯乳油 4000

倍液，5% 来福灵乳油 2000 倍液，10% 吡虫啉可湿性粉剂 1500 倍液，4.5% 氯氰菊酯乳油 2000 倍液，25% 灭幼脲 3 号 2000 倍液喷施。用药时间最好选在傍晚，效果好。

2. 大蓑蛾

药剂防控：用 90% 敌百虫 1000 倍液，或菊酯类农药，或每毫升含 1 亿个孢子的青虫菌液喷雾防治。

3. 大造桥虫

药剂防控：选用 90% 敌百虫、80% 敌敌畏、50% 辛硫磷 1000～1500 倍液，或 20% 杀灭菊酯乳油 1000～2000 倍液，25% 灭幼脲 3 号 1500 倍液喷雾防治。

4. 大青叶蝉

药剂防控：虫口密度大时，每 10～15 天喷洒 1 次 50% 敌敌畏乳剂 1000 倍液。

5. 草莓粉虱

药剂防控：可选择 10% 扑虱灵乳油 1000 倍液、25% 灭螨猛乳油 1000 倍液、21% 灭杀毙 4000 倍液、2.5% 天王星乳油 3000 倍液、2.5% 功夫乳油 4000 倍液，或 20% 灭扫利乳油 2000 倍液喷洒，均有较好效果。

6. 二斑叶螨

药剂防控：用 20% 三氯杀螨醇乳油 1000～1500 倍液，或 50% 久效磷 2000 倍液，或 5% 尼索郎乳油或 73% 克螨特乳油 2000 倍液，或 10% 天王星 2000～2500 倍液，或 15% 哒螨灵乳油 2000 倍液，或胶体硫 200 倍液等喷雾。采前半月停止用药，并注意经常更换农药品种，防止产生抗性。

7. 网纹蛞蝓

药剂防控：可用 8% 灭蜗灵颗粒剂每公顷 22.5～30 千克，或 10% 四聚乙醛颗粒剂，每平方米 1.5 克、融杀蚧螨 1 号可湿性粉剂 70～150 倍液喷洒。

五、采收

（一）采收期

露地栽培的草莓采收期在 5 月上旬至 6 月上旬，大棚促成栽培的为 11 月下旬至翌年 2 月中旬，半促成栽培的为 3 月上旬至 4 月下旬。

（二）采收的成熟度

一般鲜食用果以果面着色 70% 以上时采收为宜；供加工用的果实需全熟时采收，以提高果实的糖分和香味。远运的果实在七八成熟时采收；就近销售的待全熟时采收，但不能过熟。

由于草莓的一个果穗中各级序果成熟期不同，必须分期采收。采收初期每隔 1～2 天采收 1 次；盛果期，要每天采收 1 次。

（三）采收的标准

草莓果实作为直接入口的产品，感官上要求果实新鲜洁净，无尘埃泥土，无外来水分；无萎蔫变色、腐烂、霉变、异味、病虫害、明显碰压伤；无汁液浸出。

（四）采收

采摘草莓时，要将果实拿稳，手拿紧果柄用力摘断。轻摘轻放，随时剔除畸形果、病虫果。按果实大小分级包装。为便于采收后分级和避免过多倒箱，采收时可分人定级采收，前面的人采收大果，中间的人采收小果，后面的人把等外果全部采完。采收后要立即放在阴凉通风处分级包装。内包装采用符合食品卫生要求的纸盒或塑料小包装盒。外包装箱应坚固抗压、清洁卫生、干燥、无异味，对产品具有良好的保护作用，有通风孔。应按同品种、同规格分别包装。以每小盒 200～300 克，每四盒装一小箱，每五小箱装一大箱为宜。运输时做到轻装、轻卸，防机械损伤。

（作者：黄敏，昆明学院农学与生命科学学院）

杨梅栽培与管理

一、概述

杨梅，别名山杨梅、朱红、珠蓉。杨梅原产于中国，主要分布在北纬 20°~30° 的长江流域以南、海南岛以北的区域，为南方地区重要的特色果树及绿化树种。果实酸甜适口、生津止渴，富含多种矿质元素、碳水化合物、蛋白质、维生素、氨基酸、酚酸，以及丰富的花青苷和类黄酮等成分，具有较强的抗氧化和抗衰老、降血糖和抗肿瘤作用。既可鲜食，又可加工成杨梅果汁、果酱、蜜饯，还可酿酒，市场前景好。

图 4　杨梅

杨梅为杨梅科，杨梅属浅根性小乔木或灌木，自然状态下树高 4~12 米，树冠呈圆头形或圆形，冠径 4~7 米，具有明显的层性现象。枝繁叶茂，四季常绿，树形优美。杨梅嫁接苗定植后 4 年左右开始结果，10 年左右进入盛果期，20~40 年树龄时产量最高，经济寿命长为 50~60 年。实生苗栽后 10~15 年开始结果。杨梅果实不耐储运，适宜在城郊及交通干道沿线种植，也常孤植、丛植于草坪、庭院中，或列植于路边，用作园林绿化树种。原产于浙江省的东魁、荸荠种、丁岙梅、晚稻杨梅为我国杨梅优良品种，云南省种植的多为东魁（晚熟品种）和荸荠种（中熟品种）。

二、生长环境条件

（一）光照

杨梅喜阴喜湿，喜光照不强的散射光，忌高温烈日，宜种植在山阴地带。杨梅生长在山坳或太阳照射不太强烈的地方，树势健壮，寿命长，果实质地柔软多汁味甜，色泽鲜艳，风味佳。因此，坡度不超过 30° 的北坡和东北坡，土壤含水量较大，光照不强，水土不易流失，较适宜杨梅的栽植；但日照时数过短，过于荫蔽的山体不适宜种植。

（二）温度

杨梅为亚热带常绿果树，性喜温暖、较耐寒。在 ≥ 10℃年积温 4500℃以上的地方均能生长发育，适宜的生长区域要求年平均温度 15 ~ 20℃，最低温度不低于 –9℃。冬季日气温维持在 –9 ~ 0℃超过 3 天时，杨梅树体会遭受冻害。高温干燥对杨梅生长不利，特别是烈日照射，易引起枝干枯焦而死亡。

杨梅在开花期较耐寒，气温在 5℃以上时结实良好。若气温低于 2℃，开花受精会受到影响。0℃以下，花器受冻，落花严重。果实生长发育期温度过高会导致果实含酸量增加，酸分糖降低，品质下降。花芽分化期适宜温度为 20 ~ 25℃。

（三）水分

杨梅喜湿耐阴，年降雨量 1300 ~ 1700 毫米左右的区域适宜杨梅的生长结实，但各生长发育期对水分的需求不同。冬季需水量少；春季萌芽生长时需水量逐渐增加；花期晴朗有微风，利于授粉受精。幼果及春梢生长期如果水分充沛，则新梢生长旺盛，果实肥大，果柱顶端钝圆，果肉柔软多汁；但若月降雨量大于 120 毫米则会导致春梢疯长，落果严重。果实膨大期 80% 的相对湿度较为适宜，雨晴相间利于果实的肥大。采收期忌雨水过多，否则果实味淡，落果严重，不耐储运。7 ~ 9 月份水分供应充足，有利于新梢的生长及花芽分化，可为翌年开花结果打下良好的基础；但若雨水过多，则导致秋梢徒长，影响花芽分化。另外，海拔高的山地光照强，气温低，风大，水分蒸发快，土壤含水量较低，不适于种植杨梅。因此，杨梅树建园时应考虑年降雨量与降雨季节分布及园地海拔高度，有条件的地区应加强灌溉设施的建设，以保证杨梅对水分的需求。

（四）土壤

种植杨梅的土壤以疏松、排水良好、pH 值为 5.5 ~ 6.5 的微酸性沙质红壤或黄壤沙砾土为宜。这样的土壤透气性好、不易积水，有利于根系、枝条的生长及同化物的积累，杨梅品质优、产量高。在有蕨类、栎、杜鹃、苦槠、桃金娘、松树、香樟等酸性指示植物生长繁茂的山地都可种植杨梅。

三、栽培管理技术

（一）繁殖方式

用实生苗、嫁接苗和压条苗均可，但实生苗结果要比嫁接苗晚 3 ~ 4 年。生产上多采用嫁接苗繁殖。可在萌动前的 2 月初至 3 月中旬进行嫁接，用切接、斜切接或腹接均可。

（二）建园

根据杨梅对生长环境的需求，选择海拔 1400 ~ 1800 米，坡度小于 30°，光照充足，且通气、排水良好，pH 值为 5.5 ~ 6.5 的疏松沙砾土壤的北坡或东北坡的斜缓坡地建园。

1. 土地平整

云南杨梅园大多集中在坡度为 10° ~ 25° 之间的丘陵或山地，为了保持水土，利于果树的生长，在建园时应修建台面宽度为 4 ~ 6 米的等高梯田。台面稍向内倾斜，内侧挖排水沟，外侧砌埂，体壁可用石块、草皮砌成。应逐年扩大树盘，以利于果树根系生长。不宜在山谷和低洼地建园，以免受霜冻危害。

2. 株行距

一般在坡度小于 10°、土壤肥沃、土层深的园地土地，株行距为 4 米 ×4 米或 4 米 ×5 米，技术管理水平较高的地方也可适当密植。

在坡度大于 10° 以上、土壤贫瘠、土层较浅的坡地，株行距可相应缩短些，一般为 3 米 ×4 米。

3. 挖定植穴

一般在定植前一个月将定植穴挖好。定植穴设置在梯面边缘的 1/3 处，按株行距要求确定定植穴位置，再以定植点为中心挖底径 1 米、深 0.8 米的定植穴。挖时表土、底土分开堆放，然后将表土与 50 千克的腐熟农家肥及 0.5 ~ 1 千克的过磷酸钙混合好。

（三）定植

1. 苗木质量

选用 2 年生、根系发达、嫁接口愈合良好、主干粗壮，且无检疫性病虫害的共砧嫁接健壮苗。

2. 定植时间

在冬无严寒、栽后苗木能安全过冬的地方，定植时间以秋植（10 ~ 11 月）为好；在冬春严寒的地方，定植时间以 2 月中旬至 3 月上旬为宜。定植应选择在阴天或小雨天进行。

3. 授粉树配置

杨梅是雌雄异株植物，栽植时应以中心式的方式配置 1% ~ 2% 雄株作授粉树。

4. 定植

定植前先在塘内放入一部分表土，然后将表土与肥料拌匀填入定植塘内，再填入底土。在距地面 40 厘米处，将杨梅苗的主根立于塘心中垒起的 60° 左右的定植丘上，校正距离，与横行、直行对齐，并将苗木放正，整理侧根让其舒展，均匀分布，避免卷曲。将细土逐渐填入根部约 10 ~ 15 厘米处，把苗向四周摇晃同时稍微向上提动，使根系紧挨土壤，然后再把松土踏紧，以免根系与土壤接触不良，最后再把表土覆盖在塘面上。缓坡地果园根茎入土深度以 8 ~ 10 厘米为宜，矮化砧木嫁接口应高出地面 5 ~ 10 厘米，嫁接口应在背风方向。定植后，灌水培盘，及时浇透定根水。等水渗透完后，将灌水塘浅耕一遍，然后封土培盘。树盘盖膜，如无薄膜也可在树盘上覆盖直径 1 米、厚 6 ~ 8 厘米的稻草、杂草、松针，以保持土壤的温湿度，缩短缓苗期。以后每月再灌透水 1 次。

定植后，立即定干，在苗木嫁接口上方 40 厘米处剪去顶梢，如果苗木已有分枝，且离地面高度适当的可保留作主枝，过低的应剪去。同时将大部分叶片剪去。

（四）果园管理

1. 土壤管理

（1）初建果园。

初建果园主要做好树盘管理和行间间作。每月树盘要中耕除草 1 次，深度以 10～15 厘米为宜，疏松土壤，去除杂草，有利于根系的生长。同时做好树盘覆盖，保水保肥。

因地制宜地利用果园行间进行合理间作，有水灌溉的果园，小春可种植蚕豆、豌豆、绿肥和蔬菜；大春可种黄豆、绿豆、花生、辣椒、红薯、绿肥、西瓜等。忌种植玉米、高粱、向日葵等高秆作物或南瓜、白芸豆、四季豆等藤本缠绕作物。没有灌溉条件的果园应休闲。果园间作时要注意轮作换茬，树冠滴水线下的树盘不种植间作物，以避免果树遮光及间作物与果树争水争肥。

（2）成年果园。

成年杨梅园的土壤管理主要是要防止水土流失，保持土壤疏松通气，深翻扩穴，培肥土壤，从而协调根际层的水、肥、气、热。

①清耕覆盖。云南旱雨季分明，冬春无水灌溉的果园较多，宜采用清耕覆盖法，在果树需水量多的前期保持清耕，园内不间作，定期中根除草，使土壤保持疏松、无杂草状态，能有效促进微生物的繁殖和有机物的分解。雨季种植紫云英、苜蓿、草木樨、柽麻、蚕豆、苕子等作物，待果实采收后翻埋到土中作绿肥，能改善土壤结构，促进土壤熟化，增强地力。

②深翻扩穴。云南以采果后 9～11 月结合施基肥进行，树盘内深翻以 15～25 厘米为宜。树盘外从定植穴或上次扩穴沟外沿起，挖宽 40～50 厘米、深 60～70 厘米的环状沟，以根系生长不受影响为度。在扩穴开沟时，应把表土和底土单独堆放。翻新土层时，可将稻草、麦秆等枝叶杂草和绿肥及农家肥拌匀，一层肥料一层土填入

沟中，然后填入底土，可有效增加土壤有机质。大树采用隔行深翻或全园深翻的方法。

2. 肥料管理

（1）幼树施肥。

幼树肥料管理以促进枝梢发育老熟、养分积累、健壮生长为主，按照"少量多次、勤施淡施"的原则进行施肥。在定植第一年的4~8月，每月每株施充分腐熟人畜粪尿3~4千克或氮磷钾三元复合肥50克。第二年在春、夏、秋梢抽生期间，每月每株施人畜粪尿20~30千克或尿素100克及氮磷钾三元复合肥100~200克，以促进枝梢发育，提早成树。从第三年起，扩穴增施基肥，每株施40~50千克厩肥，过磷酸钙2~3千克，促进根系向外扩展。

（2）成年结果树施肥。

结果大树肥料管理应以"增钾少氮控磷"为原则，一年施4次肥。

①花前肥。在萌芽前（2~3月），以速效氮肥为主。每株施稀薄腐熟人粪尿80千克，以满足发叶抽梢和开花结果所需的养分，小年树可不施或少施。

②壮果肥。4月下旬至5月上旬果实膨大期，除施速效氮肥外，还要增施钾肥。每株施腐熟稀薄人粪尿40~50千克，硫酸钾400克，以促进果实增大及上色，提高含糖量和品质。

③采果肥。6月下旬至7月，速效肥料配合有机肥混合施用。每株施饼肥4~6千克，过磷酸钙400~800克，草木灰10~15千克。及时补充树体养分，促进花芽分化。

④基肥。于9~10月结合秋季翻园施入。以有机肥为主，每株施厩肥50~80千克，过磷酸钙3~4千克，硼砂50~100克。

⑤根外追肥。花期喷0.2%硼砂，果实生长期喷0.2%尿素加0.3%磷酸二氢钾，以促进叶片生长，改善果实品质。一般在18℃~25℃的阴天喷施，1~2次即可。

3. 水分管理

云南冬春干旱、夏秋多雨，4~10月为雨季，7~8月雨水最为充沛，一般都能满足杨梅对水分的需求。杨梅果实成熟及采收期

（5～6月）和花芽分化期（8～12月）如连绵阴雨，要注意排水防涝。如遇干旱，土壤最大持水量小于60%（手抓一把土层5厘米以下的土壤，手紧握成土团，抛起重落回手心，土团轻易碎裂）时，需要人工灌溉。灌水时一定要浇透。

4. 树体管理

（1）杨梅幼树整形。

杨梅优质丰产树形可选择低主干自然开心型或低主干疏散分层型，这两种树形主干低，有利于壮树和结果，便于果园管理和采收。

疏散分层型：第1年在距地面25～30厘米处定干，定干后三年内任其生长，第4年秋季修剪时，将整个圆头形树冠分成上下两层，再将上下两层之间的向上生长的直立大枝从基部疏除，放任小枝结果。上层过密的大枝适当疏除。

（2）初结果旺树的修剪。

对于初结果旺树，应以延缓树势、促进花芽分化为目标，通过长放、拉枝等方法，控制顶端优势，促使中下部芽萌发及花芽分化。对于树冠内的过密枝，直接疏除；对于有空间的旺长和徒长的枝组，可采用环割和拉枝结合，促使花芽形成。

（3）成年结果树修剪。

对于杨梅成年树进行修剪，应保持树体生长和结果的平衡，缩小大、小年幅度，以提高果品质量和产量。修剪需要注意疏、截、放、撑、除五个要点。对于树冠上部和外围的结果枝组可以适当疏除一些，对于已衰退的枝组可以回缩。为保持连年丰产，在大年修剪时可以将一个侧枝上的结果枝留存，另一个侧枝上的部分结果枝进行短截，促使其形成预备枝，一般要保持结果枝和发育枝各占一半左右。对于生长在主干或主枝上茂密部位的徒长枝，要全部疏除；而生长在树冠内缺乏主枝或副主枝部位的徒长枝，可适当短截，做主枝或副主枝用；生长在中心干、主干或副主枝空秃部位的徒长枝，要保留培养成侧枝。对于结果后的下垂枝可在下垂初期进行支撑，过分下垂的，逐渐剪除，保持树冠下部与地面的距离不小于70厘米。另外对过密枝、交叉枝、病虫枝和枯死枝可从基部疏除。

四、病虫害防治

（一）主要病害及其防治

1. 褐斑病

褐斑病主要危害叶片，发病初期在叶面上出现针头大小的紫红色小点，以后逐渐扩大，呈圆形或不规则形，病斑中央红褐色，边缘褐色或灰褐色，直径 4~8 毫米。后期病斑中央变成浅红褐色或灰白色，其上密生灰黑色的细小粒点，即病菌的子囊果或分生孢子。有些病斑进而相互联结成大斑块，最后干枯脱落。发病严重的树，在 10 月就开始落叶，到第二年落叶率可为 70%~80%，严重影响树势、产量和品质。

药剂防控：药剂可选用 50% 苯甲·丙环唑悬浮剂 3000 倍液，或 70% 甲基托布津可湿性粉剂 800 倍液，或 75% 百菌清可湿性粉剂 600~800 倍液（各种药剂交替使用）。未结果的树在 5 月中旬、下旬及采后即 6 月底到 7 月初病害发生期各喷 1 次，连喷 3 次效果最佳，其中 5 月下旬和采后 2 次最为重要。结果树在 5 月中旬、采后各喷 1 次，减少农药对果实的污染。

2. 癌肿病

癌肿病病菌主要危害杨梅枝干，以多年生的主、侧枝和 2~3 年生的枝干上发病较多，也有发生在当年生的新梢上。发病初期病部产生乳白色的小凸起，表面光滑，后逐渐增大形成表面粗糙或凹凸不平的肿瘤，质地坚硬，木栓化，呈褐色至黑褐色。

药剂防控：冬季用 3~5° 石硫合剂清园，树冠、枝干都要喷到。春季 3~4 月，在病菌传播前，用利刀刮除病斑，涂 80%402 抗菌剂 50 倍液或硫酸铜液 100 倍液，隔 2 周再涂 1 次，促进愈伤组织形成，刮下的病斑组织要带出园外烧毁。

3. 根腐病

根腐病主要危害杨梅的根系。树体发病后主要表现为地下部根系腐烂，导致地上枝叶枯萎。

药剂防控：发病初期每株可施 0.8% 石灰倍量式波尔多液，或敌克松 1000 倍液 40～50 千克浇施在根颈至树冠滴水线下；或翻松土壤，深度 15～30 厘米，范围为根颈至树冠滴水线下，将 50% 多菌灵或 70% 甲基托布津 0.25～0.5 千克，或高锰酸钾 0.15 千克加生根粉拌土后均匀地撒施在松土上，然后再翻覆土壤。同时，树冠多次喷代森锌、多菌灵等杀菌剂及营养液，以促进病株恢复。但发病较重的无效。

（二）主要虫害及其防治

1. 果蝇

杨梅果蝇是危害杨梅果实的主要害虫，雌果蝇产卵于成熟的杨梅果实肉柱上，卵孵化成幼虫后蛀食危害果实。受害果实凸凹不平，果汁外溢和落果，导致产量下降，品质变劣。

药剂防控：杨梅果实无外果皮，在成熟期切忌喷洒农药。在防治上可在果实成熟前在园地内喷洒 1.8% 绿维虫螨乳油 2000 倍液，2.5% 溴氢菊酯乳油 1500～2500 倍液；也可使用黏蝇板、性诱剂、糖醋液诱杀果蝇成虫。此外，成熟的杨梅要及时采收，并将落地果及时捡尽，送到园外一定距离的地方用厚土覆盖，可避免雌蝇大量在落地果上产卵、繁殖后返回园内危害果树。

2. 蚧类虫害

蚧类虫害主要有柏牡蛎蚧、牡蛎蚧和樟盾蚧，危害杨梅枝梢和叶片。雌成虫和若虫固定在叶片主脉附近或枝梢，吸食汁液，造成落叶、枯枝，树势衰弱，严重时全株枯死。

药剂防控：可在采果后及 12 月喷布石硫合剂 1000～2000 倍液，或 20% 螺虫乙酯 1000 倍液。

3. 蛾类

常见的杨梅蛾类虫害有蓑蛾、卷叶蛾、小细蛾、吸果夜蛾等，均属于鳞翅目害虫。主要吸取杨梅果汁，导致杨梅果实腐烂甚至脱落。

药剂防控：在果园内喷洒药剂，如 5% 锐劲特悬浮剂 1500 倍液，成 10% 吡虫啉 2000～3000 倍液喷洒防治。

五、采收

（一）采收期及采收的成熟度

杨梅采收时期一般根据果实成熟度而定，近距离运输且无须贮藏的杨梅，在充分成熟时采收最好，此时酸甜适中，风味最佳。中长距离运输则要求在八成熟时采收。一般在天气干燥、露水少的晴天上午9时前采摘，以减轻杨梅果实在采收时温度和湿度过高而产生的不利影响。

（二）采收的方法

采收时应佩戴一次性薄膜卫生手套采摘，轻拿轻放，避免囊状体破裂；周转箱（筐）内壁要光滑或垫衬海绵、山草等柔软物，容量以15千克以下为宜，尽量减少果实采摘过程中机械性损伤的发生和病原微生物的侵害。

（三）预冷与包装

采后的杨梅果实在温度为10~18℃的操作间内进行分级和包装；分级后将果实装入小筐（根据要求不同，每筐装1到2千克不等）；小筐再放入塑料周转箱内，在1~3℃条件下预冷6~12小时。若时间紧迫需马上运走，可在0℃条件下强预冷2~3小时。同时，储存环境的相对湿度维持在80%~90%，以迅速去除杨梅果实田间热，降低果实呼吸代谢速率和表面微生物活力。

（作者：黄敏，昆明学院农学与生命科学学院）

西番莲栽培与管理

一、概述

西番莲，又名鸡蛋果、百香果、热情果等。为西番莲科西番莲属多年生常绿攀缘性本质藤本植物，是一种热带、亚热带水果，它的适应性强，生长旺盛，抗性强，投产早，产量高，品质好，经济效益高。

西番莲营养丰富，含人体必需的17种氨基酸及多种维生素、微量元素等160多种有益成分。其果汁味香、风味独特，通常用来制作饮料，有"果汁之王"的美称，与其他含酸量较低的果汁

图 5　西番莲

相互混合后，可制成另一种风格的果汁饮料。果汁具有浓郁的复合香味，常作为天然香料，在果酱、果冻、冰激凌、糕点、饼干等制作中加入果汁，可制成高质量的产品。种子含油率为22%～25%，为半干性优质油，理化参数与红花、大豆及其他植物油相类似，在人体内的吸收率超过98%，经济价值和消化性可与棉籽油相比。西番莲的药用价值高，果汁可消除疲劳、养颜美容，其叶、根及全草有消炎止辅、活血散淤、兴奋强壮的功效。嫩蔓、叶和果皮还可以做饲料。

二、生长环境条件

(一)光照

西番莲为长日照喜光植物,在年日照时数 2300~2800 小时的地区生长营养好,养分积累多,枝蔓生长快。如果光照不足,生长缓慢,徒长枝多,病虫害也多。而烈日暴晒下,则叶色变黄,枝条抽生少,生长缓慢,甚至引起果实萎缩脱落,幼苗茎基发生严重的日灼病。

(二)温度

西番莲最适宜的生长温度为 20~30℃(有些品种为 15~25℃),30℃以上或 15~20℃时生长缓慢,低于 15℃基本停止生长,8~12℃低温没有发现明显寒害,8℃以下嫩芽出现轻微寒害,5℃时叶片和藤蔓嫩梢干枯,0℃以下霜冻会引起树冠枯死。

(三)水分

一般年降水量在 1500~2000 毫米之间且分布均匀的条件下西莲生长最好,发展商品性种植地区的年降水量不宜少于 1000 毫米。缺水或者水分过多(如浸水),均会影响植株正常生长发育,产量下降。因此,西番莲应种在排灌良好的地方。

(四)土壤

西番莲适应性强,在土层深厚(至少 0.5 米)、土壤肥沃疏松、排灌良好的砂质壤土、红壤土、高岭土的平地或坡地上都能种植。最适宜土壤 pH 值为 5.5~6.5。

三、栽培管理技术

(一)繁殖方式

西番莲苗木可实生、扦插、嫁接及组培繁殖。生产上常用扦插及嫁接繁殖。

1. 扦插繁殖

选择生长健壮的一年生枝作插条。下端斜剪,切口与节的距离以 1 厘米为宜,上端平剪。插枝上应具有 3 个节,留一两片叶,2~3 个芽眼,叶腋有 1~2 厘米的嫩梢更好。剪好的插条放在用 25 毫克

ABT 生根粉与 1 千克水制成的溶液中浸泡 30 分钟后扦插。基质可用蓬松的珍珠岩、粗蛭石或河沙。扦插时将插条斜剪端插入基质，深度达插穗的 2/3，然后用地膜覆盖苗床，20～30 天即可发根，成苗率可超过 80%。随后假植在塑料袋内，按常规扦插苗进行管理，约经 1 周时间，就可长成健壮的扦插苗移栽大田。

2. 嫁接繁殖

砧木应选抗病性和抗逆性强的种类或品种。当实生苗长出 12～15 片真叶，高约 50 厘米，茎粗 0.3 厘米以上时，可进行嫁接。接穗取自无病虫、生长强健的植株；以当年新抽出的较旺盛的枝条，先端 15～20 厘米、生长比较成熟的部分作接穗。嫁接方法有劈接法、侧接法、舌接法和倒"T"形芽接法等。

（二）建园

1. 园地选择

选择土壤疏松肥沃、有机质丰富、阳光充足、排水良好的西南向坡建园最佳，平地或水田种植要高畦种植，以防积水，并保持土壤湿润。

2. 搭架

百香果属于攀缘性藤本植物，在种植过程中需要设置支架才能正常生长发育。栽植方式以篱架为主，当栽植密度较小或者庭院栽培时宜采用棚架式。架高 1.8～2 米。搭架材料一般使用水泥柱或木条，无论采用何种形式搭架都要注意避免枝条和叶片过密，保证牢固且日照、通风良好。

（三）定植

西番莲在春、夏、秋三个季节均可定植，但以春、秋两季为宜。定植时应选阴天或雨后晴天，株行距 3 米 ×3 米～4 米 ×3 米为宜，坡地栽植距离可稍宽，挖长 60 厘米 × 宽 60 厘米 × 深 50 厘米的定植穴，种植前先放入混合好的堆肥与土壤（将粗大有机肥填埋穴底后，回填表土；再将腐熟有机肥与土混合回填中上层；最后将复合肥和磷肥撒在上层），再将幼苗塑胶袋撕开，适当剪除老叶，轻放于定植穴中央，理顺根系，分层填土，踏紧压实，栽后及时浇定根水。

（四）果园管理

1. 肥水管理

（1）施肥管理。

①基肥以腐熟的农家肥为好，要施足。

②新梢生长前以氮肥为主，定植后 10 ～ 15 天根系开始生长，可第一次施稀尿素或稀人粪尿，以后每隔 20 ～ 25 天施 1 次，每次每株施腐熟人粪尿 5 千克或复合肥 0.05 ～ 0.1 千克。施肥方式是在植株两侧 30 厘米处开一条宽、深各为 15 ～ 20 厘米，长度为 50 厘米的平行沟，在平行沟施好肥后覆土。

③开花着果期肥。每株施入尿素 0.2 千克，复合肥 0.25 千克，人畜粪 3.0 千克，以条状沟或环形沟追施并覆土。

④果实膨大期肥。每株施复合肥 0.3 千克，钾肥 0.15 千克。

⑤采果后追肥。每株及时深翻施人畜粪 20 千克，土杂肥 20 千克，复合肥 0.03 千克，在根系外围结合培土进行，以增强植株长势和促进根系生长。

图 6　西番莲结果状

（武绍波　拍摄）

（2）灌溉与排水。

西番莲虽较耐旱，但冬季在干燥地区仍需浇灌。土壤过于干燥会影响藤蔓及果实发育，严重时藤蔓枯萎、果实不发育，甚至发生落果现象。对于无浇灌条件的果园也要在旱季来临前培土、松土和覆草，增强抗旱能力。雨季时，须注意果园排水。在平地栽植西番莲，应于畦间及果园四周挖掘排水沟。

2. 整形修剪

（1）幼树整形。

定植成活后，及时抹掉 60 厘米以下的腋芽，促进主蔓迅速生长，并使其粗壮。当主蔓长到 40～50 厘米时，要及时设置支柱引导主蔓上架。主蔓上架后，到顶部就可打顶，留 2 个侧蔓，使其向不同方向生长。侧蔓满架后，对超出另一株 30 厘米处，断顶并绑扎，以利于抽发结果枝。

（2）采果后修剪。

及时剪除缠在棚上的卷须、徒长枝、隐蔽枝、老弱枝、枯枝、病虫枝和过密重叠枝等；对结果枝进行短截，留 2～3 节，促使结果母蔓抽生更多的分枝。棚架栽培可根据棚架面积适当进行修剪。西番莲栽后第 2 年开始结果，盛果期只有 3～5 年，要注意及时栽植更新。

四、病虫害防治

（一）主要病害及其防治

1. 疫病

疫病侵染茎、叶、花、果等部位，导致落叶、落果，甚至全株大面积死亡。染病后枝蔓和根茎组织腐烂、坏死，感病叶片呈水渍状黑色斑块，如果病害进一步发展，会整株凋萎死亡。遇持续高温、高湿天气，病部会出现白色绒毛状物。

药剂防控：发病初期，可选用 25% 甲霜灵可湿性粉剂 800～1000 倍液，或 0.3% 石灰等量式波尔多液，或 10% 霜脲氰可湿性粉剂 400～600 倍液，或 75% 百菌清可湿性粉剂 800 倍液喷治，10～15 天喷洒 1 次，连喷 2～3 次。

2. 茎基腐病

茎基腐病主要危害植株茎基部和根部。幼苗染病后叶片褪色、脱落，整株枯死。成株期染病先在茎基部表皮出现深褐色病斑，后逐渐扩展形成环缢，皮层变软、腐烂，维管组织变深褐色。湿度较大时病部可见白色霉状物。

药剂防控：发病初期，将发病部位的树皮刮去，用 70% 甲基托布津或 25% 多菌灵 80～100 倍液对病斑进行局部涂药治疗，也可用 70% 甲基托布津可湿性粉剂 800 倍液喷植株基部。雨季来临时，可在病株根颈部淋灌 50% 多菌灵可湿性粉剂 500 倍液，或 70% 恶霉灵可湿性粉剂 2000～3000 倍液，10～15 天淋灌 1 次，连续进行 2～3 次。

3. 炭疽病

炭疽病主要危害叶片和果实。叶片受害产生淡褐色圆形至近圆形病斑，有时多个病斑愈合成不规则大斑，其上生黑色点状物，潮湿时生橙红色的黏质粒。果实受害初期，多在果蒂附近产生水渍状、稍凹陷淡褐色至褐色病斑，其上生出许多小黑点，严重时果上病斑累累，迅速腐烂。

药剂防控：生长季节和开花期达到 2/3 时，开始喷甲基托布津 800 倍液和 30% 氧氯化铜悬浮剂 800 倍混合液 5～6 次，还可用 25% 炭特灵可湿性粉剂 500～800 倍液喷治，每次间隔期 10～15 天。

4. 花叶病

花叶病由黄瓜花叶病毒（CMV）侵染所致，导致叶片皱缩、花叶畸形。幼果上形成圆形环斑，大果外果皮加厚变硬，果肉有石果症状。枝条易断，有的会顶端枯死，植株严重矮化、黄化、不结果等。该病毒由棉蚜、桃蚜等传播。

药剂防控：注意防治果园蚜虫，在蚜虫大量发生和迁飞之前，及时施药防治，可用 10% 吡虫啉 3000～4000 倍液或 22% 噻虫高氯氟微囊悬浮剂 600～800 倍液喷雾。另外，选育抗病品种，消除田间毒源。

（二）主要虫害及其防治

1. 柑橘小实蝇

柑橘小实蝇主要危害果实，成虫产卵于果实中，孵化出来的幼虫潜居果肉中食害。造成果实腐烂脱落，被害果实上有针尖大小的产卵孔，造成严重减产。

药剂防控：危害高峰期前，喷洒 90% 敌百虫 1000 倍液或用 10 克马拉松加 200 克糖浆和 2 千克水制成毒液，用时再加 20 千克水喷施。

2. 红蜘蛛

红蜘蛛在幼螨、若螨和成螨阶段均能危害西番莲，以口器刺破叶片、绿色枝梢及果实表皮，吸收汁液，叶片受害最重；被害叶面呈现出许多灰白色小斑点，失去光泽，甚至全叶灰白，严重影响光合作用。

药剂防控：用20%三氯杀螨砜可湿性粉剂600～800倍液，或50%马拉硫磷500～1000倍液，或20%三氯杀螨醇乳油700倍液等进行防治。

3．蜡象

成虫、若虫刺吸枝、花、幼果汁液，导致落花落果，分泌的臭液触及花、嫩叶及幼果等可致接触部位枯死。

药剂防控：第一次是在早春成虫时期，它们自然抗药性低，可喷800～1000倍敌百虫液，第二次是在3龄前若虫期喷药防治或用20%速灭杀丁乳油与75%辛硫磷乳油以1∶9的比例混用喷杀。

4．蓟马

蓟马的成虫、若虫吮吸新梢嫩叶汁液，受害新梢生长点萎缩，枝叶丛生，被害嫩叶叶缘卷曲成带状，继而皱缩、卷曲，不能充分展开。

药剂防控：喷洒2.5%鱼藤精乳油400倍液或万灵乳油800倍液。

五、采收

西番莲成熟期依品种、地区气候条件及栽培管理水平而有不同，在同一地区，同一品种在不同年份由于开花期和果实发育期天气的不同，成熟期也有差异。

西番莲从开花到果实成熟需60～80天，紫果西番莲果实的果皮变紫色，香味变浓，达到完全成熟；黄果西番莲果实的果皮由绿色转化成黄色即成熟，充分成熟的果实会自然脱落。因此，西番莲最好在自然成熟脱落前10～15天分批采摘。采收时用剪刀逐个剪取，做到熟一个采收一个，并且要轻剪、轻装、轻放，保护叶片，避免机械损伤。果实采收后，及时分级包装运输。

（作者：黄敏，昆明学院农学与生命科学学院）

蓝莓栽培与管理

一、概述

　　蓝莓为杜鹃花科越橘属多年生灌木小浆果类果树，树高差异显著，有常绿也有落叶。蓝莓果实皮薄，成熟时呈蓝黑色。汁多，酸甜适口，既可鲜食，亦可加工成果脯、果汁、果酒。据研究，每100克蓝莓鲜果中含蛋白质400～700毫克、脂肪500～600毫克、碳水化合物12～15克、维生素A 81～100IU，维生素E 2.7～9.5微克，果实中除含有常规的糖、酸、矿物质及维生素C外，还含有其他水果少有的特殊成分，如花青素、酚酸、熊果酸、绿原酸、茶酸、SOD、果胶、脂肪及维生素E、黄酮等。蓝莓具有较强的抗氧化、保护心脑血管、辅助降血脂、增强记忆、增强免疫力、抗肿瘤、缓解视疲劳、降低血糖、增强心脏功能，延缓脑神经衰老和抗癌等作用。蓝莓是集营养与保健于一身的第3代果树品种，也是联合国粮农组织推荐的五大保健食品之一。蓝莓果实、植株还可以广泛应用于医药、保健、化妆品和环境保护等各方面，具有较高经济价值和广阔开发前景。随着人们对蓝莓的营养、保健价值的认

图7　蓝莓

识加深，市场需求也不断增大，蓝莓的人工栽培在各地兴起。中国从20世纪80年代开始对蓝莓的研究及引种栽培工作。蓝莓经济寿命为20～30年，2～4年可进入盛产期，亩产1000千克左右，具有较高的经济价值。目前蓝莓的栽培类型有五大类，即北方高丛蓝莓、南方高丛蓝莓、兔眼蓝莓、半高丛蓝莓和矮丛蓝莓。但蓝莓的人工栽培技术要求较高，对土、肥、水等管理措施都有严格的要求。

二、生长环境条件

（一）光照

蓝莓喜光，需要较多的光照时间和光照强度，长日照有利于蓝莓的营养生长，而短日照有利于花芽分化。遮阴超过50%的地方不利生长，并有损果实品质。

（二）温度

蓝莓适应性较强，最适生长的温度为13～30℃，可忍耐40～50℃的高温。通常，蓝莓需要800～1200小时低于7.2℃的低温才能够正常地开花结果。不同品种的最低需冷量不同，兔眼蓝莓为350～650小时，南高丛蓝莓为150～600小时，半高丛、矮丛蓝莓为800小时。蓝莓具有较强的抗寒性，可抵御-40～-30℃的低温，不同种类及同一种类的不同品种都有所不同。

（三）水分

蓝莓为浅根性植物，根系不发达，无根毛，对水分的需求最为敏感，耐旱性和耐涝性均属一般，低洼或缺水地区要注意果园基础设施的建设，及时排灌。

（四）土壤

土质疏松、通气好，有机质含量高（7%～10%）的砂壤土、砂土、壤土较适宜蓝莓的栽培，但对土壤pH值要求较高，适宜的pH值为4.0～5.5。土壤pH值较高，不仅影响铁的吸收，还容易引起吸收过量的钠和钙，对植株生长不利。且土壤pH值对花青素的积累也有影响，当pH值在4.0～5.0时，蓝莓果实中的花青素含量最多。云南省多为酸性红壤土、黄壤土或水稻土，沙壤土较少，且有机质含量少，必须进行土壤改良。

三、栽培管理技术

（一）繁殖方式

组织培养工厂化育苗这一蓝莓育苗技术已经完全成熟，是国内外蓝莓苗木生产的主要方式，但由于组培需要较高的技术条件及成本，目前的小规模育苗中，主要采用绿枝扦插的方法。该法生根容易，苗木移栽成活率高。

绿枝扦插主要应用于兔眼蓝莓、矮丛蓝莓和高丛蓝莓中硬枝扦插生根困难的品种，一般在生长期进行。剪取未停止生长且尚未形成花芽原基的春梢扦插，插条第二年不能开花，有利于提高苗木质量。插条剪取后，立即放入清水中，避免捆绑、挤压。插条上一般留4～6片叶，插条充足时可留长些，如果插条不足可采用单芽和双芽繁殖，留双芽可提高生根率。扦插时去掉插条下部1～2片叶，然后将枝条下部插入基质。尽量选取新梢中上部做插条，同一新梢基部做插条的生根率比中上部低。扦插前可用萘乙酸（500毫克/升）、吲哚乙酸（2000毫克/升）、生根粉（1000毫克/升）等蘸枝条基部，然后垂直插入基质中。较为理想的基质为腐苔藓、草炭、椰糠等。在云南产区直接用红壤土做基质扦插兔眼蓝莓，生根率和成活率也较高。插条间距以5厘米×5厘米为宜，扦插深度为2～3个节位。扦插后温度应控制在22～27℃，最佳温度为24℃，并保持一定的湿度。扦插苗生根后，一般6～8周开始施肥，每周浇施1次浓度为0.3%的液态完全肥料。当年生长快的品种可于7月末将幼苗移栽至营养钵中。

（二）建园

1. 园地选择

蓝莓栽植宜选择坡度小于30°的东面坡、南面坡地的中、下部山地或平地，土壤疏松、肥沃，地下水位低、排水性能好、土壤pH值为4.0～5.5的地方建园。坡度大时要修筑梯田。

2. 土壤改良

土壤改良是为了调节土壤pH值，增加土壤有机质含量，使所选园地适宜蓝莓生长。可进行全园土壤改良或局部土壤改良。为了快速改良土壤和节约改良成本，一般只对定植穴或定植带进行客土改良，即局部客土改良。选择 pH 值适合蓝莓生长的土壤采运到种植地，再在这些土壤中增加腐殖土或草炭等有机物，使土壤的 pH 值、有机质的含量都符合蓝莓生长的要求，再将这些土回填到定植沟或定植穴中，达到改良土壤的目的。一般硫黄粉要在定植前至少 4 个月施用。硫黄粉的用量（表 1）可根据土壤原始 pH 值计算，撒入全园土壤深翻 15 厘米混匀。有机质可按照 1∶1 的比例与土壤混匀。

表 1　调节土壤 pH 值 4.5 的硫黄粉用量（克 / 平方米）

土壤原始 pH 值	土壤类别		
	砂土	壤土	黏土
4.5	0	0	0
5.0	19.7	59.6	90.0
5.5	39.0	118.0	180.0
6.0	59.6	173.0	260.0
6.5	74.0	227.0	341.0
7.0	94.5	287.0	431.0
7.5	112.5	342.0	513.0

摘自顾姻、贺善安《蓝浆果与蔓越桔》，中国农业出版社 2001 年版。

3. 品种选择

云南产区拥有得天独厚的地理气候优势，无霜期从 190 天（丽江）到 350 天（临沧）不等，几乎适宜所有蓝莓品种生长。且云南海拔高、紫外线强、光照充足，生产的蓝莓果实皮厚、甜度高、耐贮运，可以依据不同的海拔高度合理配置南高丛、北高丛或兔眼蓝莓品种。品种选择的基本原则是无霜期 260 天以下的地区，南北品种如奥尼尔、米斯提、雷戈西、布里吉塔、灿烂、巨丰、粉蓝、公爵、北陆、蓝丰等均可使用；无霜期超过 260 天的地区可使用奥尼尔、米斯提、雷戈西、布里吉塔、灿烂、巨丰、粉蓝等南方品种。在种植前可以直接选择当地已经种植的品种，降低风险，避免引进不适宜的品种，造成巨大的经济损失。同时，选择正规、有实力的公司购买种苗，并签订正规的合同，明确责任划分，确保苗木的品质。考虑人工、管理等因素，连片园地面积不宜过大（建议 100 ~ 300 亩），品种不宜过多（2 ~ 3 个品种），以方便管理。

（三）定植

定植时间：蓝莓的定植时间以 10 月至第二年 2 月初为宜。

苗木选择：选择高度 35 ~ 50 厘米、根系发达、有 2 ~ 3 个以上直立枝的健壮苗。

定植方法：定植前在 40 厘米 ×40 厘米 ×40 厘米的定植穴中加入与有机肥（5 千克）、复合肥（30 ~ 50 克）拌匀的表土，然后覆一层土，再在上面加一些草炭、杀虫剂与土混合拌匀后留在定植穴上层，准备种植。

定植时将苗木从营养钵中取出，稍稍抖开根系，在已挖好的定植穴上再挖 1 个大约 20 厘米 ×20 厘米的小坑，将苗栽入，轻轻踏实，浇透水。盖上具有保湿保酸作用的松针、稻秆、锯末等，覆盖的厚度以高出地面 15 ~ 30 厘米为宜。

（四）果园管理

1. 施肥管理

（1）花前肥。

在开花前 1 ~ 2 周（1 月上旬至 2 月上旬），以速效氮肥为主。每亩浅施高氮硫酸钾型复合肥 15 千克，促进新梢生长和提高开花质量。

（2）壮果肥。

在少部分果实开始着色时以施钾肥为主，每亩施用 8：10：25 的复合肥 10 ~ 15 千克或硫酸钾 400 ~ 1000 克。采果前 15 天喷施 0.5% 葡萄糖酸钙溶液，可增加果实硬度，延长保鲜期。

（3）采果肥。

果实采收后，每亩浅施 15：15：15 的复合肥 10 千克，硫酸钾 5 千克，以恢复树势，促进花芽分化。挖条状沟施用，有机质或腐熟的农家肥 600 千克，同时每亩撒施 40 ~ 60 千克硫黄粉或浇施 pH 值为 3 左右的硫酸水 3 次。

（4）基肥。

冬季结合果园深翻，采用沟状施肥的方式，每亩施用充分腐熟的农家肥（或腐殖质或有机肥）1000～2000 千克，增加土壤的有机质，改善土壤通透性。

2. 水分管理

蓝莓对水分较为敏感，土壤含水量维持在田间最大持水量的 60%～70% 为宜。浇水量由树体大小和天气状况确定，以水浸透根系分布层 20～40 厘米为宜，一般每株浇水 1～3 千克。幼果发育期水分供应要充足且稳定，忌骤干骤湿。晚秋后应减少水分供应，促进枝条成熟。雨季应及时排涝。

3. 杂草管理

蓝莓园禁止使用除草剂，生产上一般选用秸秆、树皮、木屑等进行地面覆盖，不但能够控制草害，而且覆盖的植物腐烂淋溶进入土壤后有很好的降酸作用，有利于土壤维持在偏酸水平，还可增加土壤有机质和肥力。

4. 修剪管理

蓝莓为多年丛生小灌木，其整形修剪主要是要调节好营养生长与结果的关系，定期疏除弱枝、结果枝和老化枝。一年中以夏剪、冬剪为主。

（1）夏季修剪。

夏季修剪主要剪去衰老枝、果后枝、病虫枝、回缩老枝。疏除枝丛内基部过多的萌生枝、细弱枝、过密枝条或枝组。兔眼蓝莓生长过旺、抽枝过长过高的枝条要进行短截，促进分枝；南高类品种应注意萌芽时抹芽，集中养分培育结果枝组。

（2）冬季修剪。

冬季修剪通常在 12 月到第二年 2 月进行。剪除枯枝、病虫枝及细弱枝，结合树龄、树形、树势，回缩结果枝组、果后枝组和衰退枝组，疏除过密枝，并对花芽量大的枝条做适当短截，调节第二年的结果量，有利于果实长得大小均匀、集中成熟，实现高产优质。

兔眼类蓝莓应疏、截结合，以利于通风透光，解决营养生长与生殖生长的矛盾，确保年年丰产；南高类蓝莓以疏为主，改善通透性，集中养分培育结果枝组。

5. 花果管理

（1）疏花。

花期花量较多时，适当地剪截花枝。强旺枝适当多留花，弱小枝、无叶果枝少留或不留，有叶花多留，无叶花少留或不留。兔眼类蓝莓以短截花枝为主，南高丛类蓝莓以疏除弱小花枝为主。

（2）疏果。

落花坐果后，疏除小果、弱果、过密果。

（3）保花保果。

初花期开始放蜂，设施内采用熊蜂，露天 5 亩地左右放置一箱蜜蜂（每箱蜜蜂 1 ~ 2 万头）。云南多雨地区逢花期、果期多是阴雨天气，严重的会影响坐果率、果实的采摘与品质，可采用避雨棚栽培，在花中期上膜，尾果期撤膜。花期喷施 1 ~ 2 次 0.3% 的尿素加0.1% 的硼砂，少施氮肥，可提高坐果率。

四、病虫草害防治

（一）主要病害及其防治

1. 褐斑病

褐斑病又称黑斑病，发病初期有红褐色小斑点生于叶片上，后逐渐扩大，病斑边缘呈深褐色，中央呈灰色，表面着生黑褐色点状物或丝状物，严重时叶片枯黄脱落。高温多雨发病较重。

药剂防控：选用 70% 甲基托布津可湿性粉剂 1000 倍液，或 72% 甲霜灵锰锌 800 ~ 1000 倍液喷雾防治。

2. 根（茎）腐病

根（茎）腐病初期发生在须根上，后逐渐向上蔓延，严重时病根变成黑褐色，整株死亡。高温多雨季节发病较重。

药剂防控：72% 甲霜灵锰锌 800 ~ 1000 倍液，或 64% 杀毒矾600 ~ 800 倍液，或甲霜·噁锰锌 800 ~ 1000 倍液于早晚灌根。

3. 缺铁性失绿

缺铁性失绿主要症状是叶脉间失绿，严重时叶脉也失绿，新梢上部叶片症状较重。主要原因是由于土壤 pH 值过高，有机质含量较低造成。

药剂防控：每株施用 3 ~ 5 千克有机肥和 100 克硫黄粉。叶面喷施 0.5‰螯合铁。

（二）主要虫害及其防治

虫害主要有金龟子、果蝇、蛀干类天牛、蚜虫、茎尖螟虫。

1. 金龟子

春秋两季幼虫（蛴螬）危害最严重，土壤潮湿时活动加强。主要危害蓝莓根系，咬食须根，严重时仅剩下主根，使植株出现缺水症状，甚至导致幼株死亡。

药剂防控：采用 50% 辛硫磷乳油每亩喷 200 ~ 250 克，加 10 倍水喷于 25 ~ 30 千克细土上拌匀制成毒土，顺垄条施，然后浅锄，或将该毒土撒于种植沟中或墒面上；或用 5% 辛硫磷颗粒剂或 5% 二嗪磷颗粒剂混配制成毒土，每亩喷 2.5 ~ 3 千克进行防治。

成虫（金龟子）成群聚食花和枝梢嫩叶。采用人工捕杀或杀虫灯诱杀。于傍晚在树根下铺上塑料布，振动树干，将假死的成虫收集杀死。

药剂防控：用 4.5% 高效氯氰菊酯 600 ~ 800 倍液进行喷雾防治。

2. 果蝇

果蝇产卵于成熟果实的凹陷处，孵化后幼虫蛀食果肉，导致受害果实变软，果汁外溢和落果。

药剂防控：及时清除果实成熟前的生理落果和成熟采收期间落地烂果，并采用糖醋液（糖：醋：酒：水 =3：3：1：10）+ 适量敌百虫诱杀。

3. 天牛

幼虫蛀食蓝莓枝干，被害处形成纺锤状虫瘿，影响养分的输导，致使枝梢干枯死亡。

药剂防控：剪除一年生被危害的嫩枝；用棉花蘸 4.5% 高效氯氰

菊酯堵住老枝枝干取食孔，或注射4.5%高效氯氰菊酯200倍药液进行防治。

4. 蚜虫

蚜虫危害叶片、嫩茎、花蕾、顶芽等部位，刺吸汁液，使叶片皱缩、卷曲、畸形，严重时引起枝叶枯萎甚至整株死亡。

药剂防控：用10%吡虫啉800～1000倍液喷雾防治。

五、采收

（一）采收期

蓝莓果实的成熟期不一致，要分批采收。当果表变成蓝紫色、果蒂变黑时应及时采收。一般5～7天采收1次。采摘应在早晚气温不高时进行，雨天、雨后不宜采果。

（二）采收的成熟度

通常供鲜食、运输距离短的，在九成以上成熟期采收；供加工成饮料、果浆、果酒、果冻等的，在充分成熟后采收。

（三）采收

采果专用的塑料筐或竹筐应干净透气，筐底放清洁柔软物，以防果实损伤。采摘时不能硬拉，以免拉伤果蒂，使果实从果蒂处腐烂。

图8　蓝莓

应从下到上，先外后内分级采收，分级包装。注意轻拿轻放、轻装轻卸。在包装及运输过程中，要遵循小包装、多层次、留空隙、少挤压、避高温、轻颠簸的原则，鲜销果实可选用有透气孔的聚苯乙烯盒，每盒装果100～150克。

（作者：黄敏，昆明学院农学与生命科学学院）

树莓栽培与管理

一、概述

　　树莓，又名悬钩子、覆盆、树梅、树莓、野莓、木莓、乌藨子、山莓、马林，已有300多年的栽培历史。树莓为蔷薇科（Rosaceae）悬钩子属（Rubus. L）多年生落叶灌木性果树，一年生茎越冬在第二年结果后死亡，因此没有两年生以上的地上枝。树莓果实色泽鲜艳、酸

图9　黑树莓（李育川　拍摄）

甜可口、柔嫩多汁、风味独特，营养价值丰富，含有黄酮、鞣花酸、花青素、超氧化物歧化酶、水杨酸、鞣花酸、覆盆子酮及多种有益微量元素。具有镇痛解热、提高免疫力、防治心血管疾病、美容、延缓衰老等作用。既可鲜食，又可加工成果酱、果汁、果粉、果糖、果冻及多种食品添加剂。树莓籽、茎叶可用来提取树莓油、食用添加剂和树莓酮，叶还能生产功能性茶叶，具有极高的药用价值及多种保健功能。树莓被联合国粮农组织推荐为"第三代水果"、人类"五大健康食品之一"。随着消费者的普遍认可，其种植面积不断扩大。

　　树莓结果早，花期在4~5月份，结果期在6~7月份，易进入盛果期，一般栽后两年见果，3年丰产，4~5年时产量最高，盛果期可长达15年。中国树莓野生资源约有190余种，但从20世纪80年代才开始大面积人工栽培，前后引进树莓品种50多个，目前主

要的栽培品种有菲尔杜德（Fertodi）、赫尔特兹（Heritage）、拖拉蜜（Tulameen）、维拉米（Willamette）、米克（Meeker）、秋来斯（Autumn Bliss）等。

二、生长环境条件

（一）光照

树莓为喜光植物，性喜温暖湿润，要求光照良好的散射光。野生条件下主要分布在海拔 500 ~ 2000 米的山地杂木林边、灌丛或荒野、山坡、路边阳处或阴处灌木丛中。人工栽培树莓需选择通风、具有散射光的园地。

（二）温度

树莓在不同的生长发育期对温度有不同的要求，其生长期有效积温为 3000 ~ 3500℃。树莓具有自然休眠的特性，需要经过一定的低温条件，才能够打破休眠状态。不同品种或种类的树莓经历 4.4℃的低温时数（需冷量）不同，红树莓需要 800 ~ 1600 小时，黑树莓需要 300 ~ 600 小时的需冷量度过休眠期。树莓的需冷量是树莓异地引种设施栽培的温度选择和调节的主要依据。中国除福建、广东、广西、海南和台湾外，其他绝大多数地区栽植树莓都可以满足休眠期的需冷量。

树莓花芽分化主要集中在春季生长开始期，边生长边分化，单花分化期短，分化速度快。此时需要较冷凉的气候，若温度在 10℃，无论是 9 小时短日照，还是 16 小时长日照，新梢均能形成花芽。

在果实成熟期，若日均温超过 28℃且空气干燥，花、果及新梢的叶片均会受到日灼，导致植株生长迟缓，果实成熟不一致，香味减少，着色不均匀，品质下降。

（三）水分

树莓根系浅，不耐旱，在土壤水分和空气湿度低的情况下，浆果发育小、产量低，植株生长势弱；也不耐涝，在土壤积水的地块上生长不良，对水分要求较为敏感。土壤含水量应为田间持水量的 60% ~ 80%。在树莓栽培区适宜的年降水量应为 500 ~ 1000 毫米，且分布均匀，若不在此范围内，则必须具备灌溉或排水措施。

（四）土壤

树莓根系主要分布在土壤上层 30 ~ 50 厘米处，对土壤要求不严格，适应性强，但以土壤肥沃、有机质含量丰富、保水保肥、排水良好、质地疏松、pH 值在 6.5 ~ 7.0 间的微酸性或中性砂壤土及红壤土为好。

三、栽培管理技术

（一）繁殖方式

生产上树莓多采用无性繁殖的方法。分株、扦插繁殖速度相对较慢，成活率较低。某些品质优良的红莓和黑莓，扦插难生根，只能靠自身的萌蘗进行分株；某些品种萌蘗数量少，又难以满足需求；组织培养繁殖虽可提供不带病毒的苗木，但需要一定的技术设备，费用高，尚未在生产上普及应用。根蘗、压条等无性繁殖的方法操作简单易行。

1. 根蘗繁殖

根蘗繁殖是利用休眠根的不定芽萌发成根蘗苗培育成为新植株。红树莓品种的根系易产生不定芽，萌发形成根蘗苗，常采用此种方法繁殖。每年 5 ~ 6 月红树莓的根系上的不定芽在丛株周围发生大量根蘗苗，在 6 月中下旬将半木质化的根蘗苗挖出定植或栽到苗圃中；也可在秋季挖出，当年或第 2 年春季定植。本方法简单，容易成活，成苗快，成活率高。

2. 压条繁殖

利用树莓茎尖生长点入土生根的特性，黑莓、黑树莓和紫树莓生产上常采用压顶繁殖的方法。夏季末或初秋，一年生树莓新形成的叶片较小并紧贴在茎尖上，此时直接将茎尖埋在黑莓果园或专用苗圃的株间和行间空地，然后浇水，很快会产生许多不定根并生长出新梢。新植株生长到休眠期，从老茎上分离出来，贮藏越冬后栽植。

（二）建园

选择阳光充足、地势平缓、土层深厚、有机质含量高、土质疏松、水源充足、交通便利的地块建园。土壤以疏松、含腐殖质多、持水力强而排水良好的中性壤土或砂壤土为宜。平地要求不积水；山坡地以南坡为好，坡度小于10°。如果果园规模较大，要考虑选择距离销售市场较近，或附近有冷冻设备或加工设备的地方建园。最好选择连片的平地，这样有利于规模化经营管理。

1. 整地

定植前全面深翻土地。有条件的地方在定植前一年深耕改土、消除杂草，种植豆科绿肥作物，以提高土壤有机质水平和改善土壤物理性状。

2. 株行距的确定

树莓通常单株栽植，一到两年后带状成林。不同的品种类型，其生长势不同，栽植密度也随之不同。无刺黑莓茎粗大强壮，分枝生长最为旺盛，定植株距为90～180厘米；紫树莓定植株距为90～150厘米；黑树莓和有刺黑莓定植株距为90～120厘米；夏果型红莓定植株距为60～90厘米；秋果型红莓株定植距最小，为30厘米，行宽90～120厘米。

3. 挖定植穴

定植穴大小根据苗木的根系大小决定，一般为30厘米×30厘米×40厘米。没有经过深翻或土壤比较坚硬的地块应挖南北走向的宽60～80厘米、深50～60厘米的定植沟。挖沟时，把表层土壤与底层土壤分开堆放。

（三）定植

1. 定植时间

云南大部分地区春旱期长、空气干燥、蒸发量大，且灌溉条件差。除灌溉条件好的地区可春季和秋季定植外，其他地区均以10月中旬至11月中旬定植为宜。

2. 定植

定植时把表土回填至沟底10厘米厚，再把表土与厩肥混合拌匀填入沟内垒定植丘，把树莓根系舒展均匀分布在定植丘上，避免卷曲，并矫正位置。将细土逐渐填入根部约10～15厘米处，把苗向四周摇晃同时稍微向上提动，使根系紧挨土壤，然后再把松土踏紧，最后把表土覆盖在塘面上浇透水。

（四）果园管理

1. 土壤管理

在树莓的营养生长期结合除草进行中耕4~6次，深度以5~10厘米为宜。同时铲除多余的根蘖。树莓根系逐年上移露出地面则需要培土覆盖。建园初期行间较宽，可以种植绿肥或蔬菜，以防止杂草丛生和增加土壤肥力；随着行间缩小，就不宜再进行间作。

2. 肥料管理

施肥以有机肥为主，补充使用化肥。基肥于秋季翻园时施入。以完全腐熟的有机肥为主，每株施厩肥10~20千克、氮肥1~2千克、磷肥2~4千克、钾肥2~3千克，深施于土壤中。根据树势及土壤情况分别在春季花后、浆果发育期及新梢旺长期追施肥料，每次每株施腐熟的人畜粪尿3~4千克或氮钾二元复合肥200~300克。

3. 水分管理

树莓根系分布较浅，不耐干旱。云南冬春干旱，夏秋多雨，需在春季萌芽期灌水1次。树莓新梢生长和开花期及结果期均为雨季，水分充足，可根据情况在降水量少和降水不均匀的地方灌水。在夏季多雨且易积水的地方，应注意排水防涝。

4. 树体管理

树莓枝条丛生、无主干，茎干（枝藤）支持力低，但营养生长旺盛，自然生长状态下不能成型。因此树莓主要通过修剪并将枝条牵引绑缚到棚架上来改善植株的通风透光状况，调节营养生长及开花坐果。棚架种类很多，生产上常用"T"字形和"V"字形棚架，树莓栽植后，结合修剪将需要保留的枝蔓绑缚到棚架上。

树莓每年都会发出基生芽、一次枝及二次枝，红树莓还能抽生大量根蘖，一年中一般要进行2~3次修剪。第一次春剪，可将两年生枝（结果母枝）顶端干枯部分减去，促使留下的芽发出强壮的结果枝，同时疏除干枯、断折及有病虫害的枝条，每株保留7~8个发育健壮的两年生枝。枝条之间要保持适当的距离，窄带栽植10~12

厘米，宽带栽植 15～20 厘米。然后将这些枝条均匀地绑缚到架上。可将结果枝与一年生枝均匀地牵引绑缚在棚架的两侧，或是分别绑缚于两侧（一侧为一年生枝，另一侧为结果枝），使生长和结果互不干扰。第二次修剪在一年生枝或根蘖苗高 20～30 厘米时进行，选留其中靠近株丛发育健壮的 7～8 个枝，以备来年结果，其余的从基部全部疏除。第三次修剪在果实采收后进行，主要从基部疏去结过果的两年生干枯枝及病虫枝，使株丛通风透光。一年生枝是下一年的结果母枝，每株需保留 10～12 个健壮一年生枝，其余疏除。

四、病虫草害防治

（一）主要病害及其防治

1. 灰霉病

灰霉病在各树莓产区均有发生，可危害树莓幼苗、叶片、花和果实，严重时可导致绝收。感病时，花蕾、花序和果实被一层灰色霉状物覆盖，而后变黑枯萎。湿度较小时，果实及果柄干缩呈灰褐色，经久不落。

药剂防控：可于开花前和谢花后喷特立克可湿性粉剂 600～800 倍液或灰霉特克可湿性粉剂 1000 倍液，或用 50% 速克灵 1000 倍液或 40% 施佳乐 800 倍液。果期禁止喷药，以免污染果实，造成农药残留。

2. 茎腐病

茎腐病易在初生茎的伤口处发生。该病危害树莓基生枝，先从新梢向阳面距地面较近处开始出现一条暗灰色似烫伤状的病斑，木质部变褐坏死，叶片、叶柄变黄枯萎，严重时整株枯死。

药剂防控：初花期喷施万霉灵 65 超微可湿性粉剂 1000～1500 倍液及 0.3～0.4 波美度石硫合剂 1～2 次；休眠期越冬前喷 1 次 4～5 波美度石硫合剂；春季发芽前喷 4～5 波美度石硫合剂 1 次。

3. 根癌病

树莓根癌病是树莓上发生的一种毁灭性的细菌病害，一旦发生会严重影响整株树莓生长，对产量影响很大。发病早期表现为根部出现表面粗糙的白色或者肉色的隆起的瘤状物，一般最早发生在春末或夏初，之后瘤状物增大且颜色加深，最后由棕色变为黑色。根癌病会影响植株根部吸收养分，造成植株发育受阻。

药剂防控：用0.2%硫酸铜等灌根，每10～15天浇1次，连续2～3次，采用K84生防菌剂浸苗或在定植或发病后浇根。

（二）主要虫害及其防治

树莓的主要虫害有果蝇、红蜘蛛、金龟子、蚜虫等。这些害虫危害较轻，应选择抗虫品种，并通过适当的栽培措施改善通风透光条件，及时清除修剪的枝叶等，在一定程度上预防虫害对树莓生产带来的危害。在蚜虫等虫害发生季节，悬挂粘蚜板，杀死蚜虫成虫，同时可安装杀虫灯、配制糖醋液等防治方法诱杀金龟子、卷叶虫等成虫。还可采用10%吡虫啉2500～3000倍液进行药剂防治。在果实采收期间禁止使用农药。

五、采收

（一）采收期

树莓果实从7月上、中旬开始成熟，一直持续到9～10月份，成熟期不一致。一般在第一次采收后的7天左右浆果大量成熟，以后每隔1～2天采收1次。

（二）采收的成熟度

树莓果实柔嫩、果皮较薄。充分成熟或过熟后采收不耐储运，在果实完全变红并向暗红色转变之前采收较为适宜。

（三）采收

在晴天上午8时后进行采收，雨天和有露水时不宜采收，以免浆果霉烂。采收时果实要轻拿轻放。

图10　黑树莓结果状

（李育川　拍摄）

供鲜食的果实需连花托摘下，直接装入有通气口、坚固透明的塑料小盒内（容量为200克），摆放1~2层（不能超过3层）。采收后的应放在阴凉处进行避光短期保存，或直接进行冷冻保存。常温下只能存放1~2天，冷库可存放7~8天。加工用的树莓，可不带花托摘下，装入塑料桶中，当天运送到加工厂。

（作者：黄敏，昆明学院农学与生命科学学院）

樱桃栽培与管理

一、概述

樱桃又名莺桃、樱珠、玛瑙、车厘子等，是中国樱桃、欧洲甜樱桃、毛樱桃等樱属植物的统称。樱桃被誉为"果中珍品"，富含维生素及花青素，含铁量特别高，居水果首位，樱桃性温热，具有补中益气、健脾和胃、祛风湿等功效。其核、根、叶、鲜果皆可入药，核为小儿麻疹透发药，具有发汗透疹解毒的作用；根具有驱虫、杀虫作用，可驱杀蛔虫、蛲虫、绦虫等。花期为2月下旬至3月上旬，果期为4月中旬至5月上旬，樱花极具观赏性。

图11　樱桃果实

樱桃是"两高一优"农业（高产、高效、优质）的高档畅销果品，其木材坚硬，磨光性好，可作家具用材。酸樱树皮含单宁5%~7%，叶片含色素，可用于腌渍、醋渍等食品加工。果实除鲜食外，还可制作糖水罐头、果汁、果酱等。樱桃产业是农民脱贫致富的有效途径之一。通常情况下，人们所说的"樱桃"即为中国樱桃，"车厘子"则是欧洲甜樱桃。

二、生长环境条件

中国樱桃主要分布于我国西南及华北地区，是当今世界四大樱桃栽培品种之一，抗寒力弱，喜温暖而润湿的气候，适宜在年平均气温为 15～16℃，海拔 1700～2100 米的地方栽培。休眠期较短（80～100 天），在冬末早春气温回暖时易萌发新芽，若遇"倒春寒"（霜或雪），花易受冻，严重时会影响产量。因此，樱桃种植一定要注意当地每年春季低温寒潮侵袭的时间是否与花期重合，在樱桃开花期每年都易出现不利天气（霜雪、大风）的地方不宜栽种。

三、栽培管理技术

（一）繁殖方式

樱桃常用嫁接方式繁殖。选用充分成熟的中国樱桃、酸樱桃种子繁育砧木，然后选用成年、抗病性强的成年樱桃树冠上部的一年生枝条作为接穗嫁接。嫁接时间以立春前为宜，方法为切接和劈接。

（二）建园

在建园时应充分考虑如何解决"春旱"问题。因为在果实生长初期干旱会引起严重落果，影响果实生长发育。樱桃适宜生长在肥沃疏松、土层深厚、排灌条件良好的沙质土壤中，重黏土不适宜种樱桃。在樱桃园地的选择上应掌握以下几点：

（1）樱桃树不耐涝，不耐盐碱，宜选择地下水位低、不积水的地段建园，不能在盐碱地建园。

（2）樱桃树花期早，易受霜害。在有霜害的地区，应选择春季气温上升较慢，空气流通较好的北坡或西北坡，可推迟花期、避开霜期。无霜地区可选择南坡或平坦地段。

（3）樱桃树不耐旱，应选择疏松肥沃、排水良好、有浇灌条件的沙质土壤建园。

（4）樱桃树根系浅，易受风而倒伏，园址应选不易遭风害的背风地段，并重视防风林的建造。

（5）樱桃果实耐储运性差，应选择交通方便，距主要销售市场近的地点建园。

（6）樱桃园应远离矿山、工业区以及粉尘直接污染或间接污染的地方，且大气、土壤、灌溉水均无污染。

（三）定植

（1）定植密度。行距 5 米，株距 3 米，每亩 44 株。

（2）定植方式。山地沿等高线定植。挖塘的规格为直径 0.8 ~ 1 米、深 0.7 ~ 0.8 米。开挖时将表土与底土分开。回塘时用腐熟农家肥 20 ~ 30 千克或土杂肥 35 ~ 40 千克，过磷酸钙 1 千克，与表土混匀后回入底层，再回底土。

（3）定植时间。12 月下旬至次年 2 月上旬。

（四）果园管理

1. 土肥水管理

（1）土壤管理。

①扩穴深翻。从定植穴的边缘开始，每年或隔年向外扩展，挖宽 50 厘米、深 60 厘米的环状沟，将新土、粉碎的秸秆和腐熟的厩肥、堆肥等混合后回填，灌水。

②果园生长季降雨或灌水后，及时中耕松土，中耕深度为 5 ~ 10 厘米。

③树干培土。培土在早春进行，树干基部培起 30 厘米左右的土堆，以加固树体，促发不定根。秋季扒开土堆，检查健康状况。土堆顶部与树干紧密相连，以免造成积涝，引起烂根。

④种植绿肥和行间生草。实行生草制，种植的间作物应与樱桃树无共性病虫害，且为浅根矮秆植物，以豆科植物为宜，适时刈割翻埋或覆盖于树盘。

（2）肥料管理。

为保证果品的安全优质，以施农家肥为主，减少化肥施用量。农家肥可作基肥，化肥作追肥，禁止使用有害的城市垃圾和污染物。

①基肥。在 9 ~ 10 月份施入基肥，基肥以农家肥为主，混加少量化肥，每株施肥量为 50 ~ 70 千克，施肥位置在树冠投影附近，施

肥方法为挖放射状沟、环状或平行沟，沟深30～45厘米，以达到主要根系分布为宜。

②追肥。可提高坐果率、增大果实、提高品质、促进枝叶生长，大树每株施入复合肥0.5～1千克，或每株施人粪尿30千克；采果后追肥。此时是花芽形成期及营养积累前期，需及时补充营养，大树每株可施人粪尿60～70千克或猪粪尿100千克或复合肥1～1.2千克或豆饼2.5～3.5千克；根外追肥。萌芽后至果实着色前喷施0.3%～0.5%尿素2～3次；花期可喷施0.3%硼砂1～2次；果实着色期喷施0.3%磷酸二氢钾2～3次；采果后喷施0.3%～0.5%尿素1～2次。

（3）水分管理。

根据樱桃树开花结果的不同时期进行灌水，可分为花前水、催果水、采后水，水质要求清洁无污染。同时注意及时排水，防止积涝。

2. 整形修剪及花果管理

（1）整形修剪。

树形采用自然开心形。自然开心形要求干高30～40厘米，全树主枝3～5个，每主枝上6～7个侧枝，主枝在主干上呈30°角倾斜延伸，侧枝在主枝上呈50°角延伸，各级骨干枝上配置结果枝组。

①幼树期修剪。幼树修剪的目的是调整树形，要注意平衡树势，使各级骨干枝从属关系分明，当出现主枝、侧枝不均衡时，要压强扶弱，对过强的主枝、侧枝进行回缩，利用下部背后枝做主枝头，延长枝适当重剪。

②结果期修剪。保持强壮的树势，疏弱枝，留强枝，保持较大的新梢生长量和形成一定数量的结果枝，同时复壮衰老的结果枝组。侧枝的延长枝生长量为40～50厘米时，可剪去1/4～1/3。生长中等的树，年生长量逐年缩小，可延长枝顶芽和邻近几个侧芽为叶芽；年生长量不超过20厘米，可不进行短截；各延长枝、延长头应留叶芽，不留花芽。

③衰老期的修剪。及时更新复壮，重新恢复树冠。大中枝经回缩后容易发出徒长枝，对这些徒长枝择优培养，2～3年内便可重新恢复树冠。

（2）花果管理。

花量过大时可适当疏除花蕾节约养分，一般是开花前或开花时疏除晚花、弱花。在果实第三次落果后可进行疏果以促进果实增大，疏果程度视全株坐果情况而定，一般1个花束状短果枝留3～4个果，最多留5个果，疏果时注意疏小果、弱果，留水平面上的果。

四、病虫草害防治

（一）防治原则

积极贯彻"预防为主，综合防治"的植保方针。以农业和物理防治为基础，生物防治为核心，按照病虫害的发生规律，科学使用化学防治技术，有效控制病虫害。

（二）农业防治

施用有机肥和无机复合肥料，控制氮肥施用量，增强树体抗病力，减少病虫害发生。生长季节注意控水排水、疏花疏果，防止徒长。发芽前刮除枝干翘皮、老皮，清除枯枝落叶，消除越冬病虫害。种植有益植物，控制次要病虫害发生，不与苹果、桃等其他果树混栽。

（三）生物防治

保护螵虫、草蛉、捕食螨等天敌昆虫。限制有机合成农药的使用，减少对天敌昆虫的伤害。利用有益微生物或其他代谢物，如利用昆虫性外激素诱杀害虫。

（四）物理防治

根据病虫害生物学特性，采取糖醋液、黑光灯、树干缠草把、黏着剂、防虫剂和防虫网等诱杀害虫。

（五）化学防治

根据樱桃树病虫害发生发展规律及防治对象的生物学特性和危害特点，选择最佳时期进行化学防治，科学合理施用农药，并注意农药的合理混用和轮换使用。

（六）樱桃病虫害防治年历

（1）12月至次年1月。休眠期进行整形修剪，剪除病枝、病叶，清扫园中杂草枯枝，集中烧毁。用钢丝球刮除枝干上的桑白介壳虫。查找树干上有红色粪便的地方，用小刀挖除在皮层下越冬苹果透翅蛾幼虫。喷布 5 波美度石硫合剂或机油乳剂，防治越冬介壳虫、红蜘蛛、病菌等。

（2）2月。喷布 5 波美度石硫合剂，防治介壳虫、红蜘蛛、病菌等；新栽植园定干后套袋，防止象鼻虫、黑绒金龟子啃芽。喷洒 4.5% 士达乳油 2000 倍液，防治绿盲蝽、梨网蝽。

（3）3月。花后 20 天喷洒 80% 代森锰锌可湿性粉剂 800 倍液，15% 哒螨灵乳油 2500 倍液，10% 敌杀死 800～1000 倍液，防治斑点落叶病、红蜘蛛、金龟子、天幕毛虫、卷叶虫、茶翅蝽、梨网蝽等；喷 70% 甲基硫菌灵可湿性粉剂 600 倍液，防治轮纹病和炭疽病。果实着色前一个星期至采收禁止用药。

（4）果实采收后至 11 月。喷 1∶2∶240 波尔多液或 1.8% 阿维菌素乳油 2500～3000 倍液，防治二斑叶螨（白蜘蛛）、落叶病。查找危害枝干的天牛、吉丁虫蛀孔，用铁丝钩杀孔内的幼虫或用昆虫病原线虫灌注防治。

五、采收

果实采收前一个月，禁止喷施农药。根据果实的成熟情况，分批分期采收。采摘时轻采轻放，果实须带果柄，不带果柄的果实易腐烂变质，樱桃从采收、分级、包装、储藏至销售，各环节应注意防止产品污染和损坏。

（**作者**：张俊辉，富民县农业技术推广服务中心；翟家胜，富民县农业技术推广服务中心）

桑葚栽培与管理

一、概述

桑葚，又名桑椹子、桑泡儿、桑蔗、桑枣、桑果、乌椹等，是荨麻目桑科树种桑（Morus.alba.Linn.）的成熟果穗，多为红紫色或黑色椭圆形聚花果，1~2.5厘米长，1~1.5厘米粗细。

图12　桑葚果实

桑葚甜酸清香，营养丰富，和沙棘、悬钩子等一起被誉为"第三代水果"。它不但可以作为鲜果直接食用，经过加工与开发后，还可制成多种产品。

在《本草纲目》《神农本草经》等书中都有记载，桑葚具有补血滋阴、生津止渴、润肠燥等诸多功效，因此桑葚在医学上也有所发挥。

由此可见，桑葚开发利用前景广泛。相较于传统种植的桑树品种，果桑是一种果叶兼用的桑树。果桑的种植是当前桑园建设中的一个新的课题。

二、栽培管理环境条件

（一）桑园选址

桑园内的土壤肥力以及周边环境、设施等，对于桑葚桑叶的收获有着极其重大影响，因此桑园的选址是至关重要的。

建议桑园建设的位置，应选择附近无污染源，沙质壤土、土质肥沃，土地平整，排灌便利，靠近交通主干道的地方。

（二）栽培选种

首先，根据本地的情况，选择最适合在本地进行推广种植的桑树品种，这是做好桑园建设发展的第一关。

以云南昆明的气候环境为例，适宜选择的品种有：沙2（塘10）×伦109、伦40、7625和果桑大10等。

选择好品种后，可以播种育苗，也可以直接从苗圃引进育成的桑苗。

在选择桑苗的时候，不要图便宜而选购病弱苗及来源不明的苗，要选择正规育苗机构规范出品的桑苗，这样的桑苗品质有保证，并且具备检疫出口资质，从源头上对一部分病虫害进行过防控。

三、栽培管理技术

（一）繁殖方式

目前生产上常用的主要有三种桑苗繁殖方式：

1. 桑苗种植法

种植前，先用磷肥加黄泥水浆洗、浸泡桑苗根部，可提高成活率。

按坡地亩种 6000 株左右、行距 0.7 米、株距 17 厘米，半旱水田亩种 5000 株左右、行距 0.8 米、株距 17 厘米的种植规格，拉线栽植好桑苗，并将土壤覆盖至桑苗青茎部，踏实后浇足定根水。

2. 桑枝繁殖法

（1）枝条选择及种植方法。

选择近根1米左右的成熟桑枝，在12月份冬伐时进行种植较佳，可以随剪随种，有效提高成活率。种植办法有垂直法和水平埋条法。

①垂直法：把桑枝剪成16厘米（保留3~4个芽）左右，开好沟后把枝条垂直插入（芽向上），回土埋住枝条或露出一个芽，压实土，浇足水。在20天内要保持土壤湿润，用薄膜覆盖，待出芽后去掉薄膜。

②水平埋条法：这是一项新技术，对于无种子的

图13　桑葚

良种最适宜。平整土地后，开好约5厘米深的沟，然后把剪成6~7厘米长的枝条，以每两枝为一组，平行放置于沟内（放两枝可以有效保障发芽率），回土覆盖约3厘米，轻压后浇水，覆盖薄膜，出芽后去掉薄膜。

（2）植后管理。

待芽长高至16厘米后，每亩薄施农家肥150~200千克+尿素7.5千克，同步进行人工或药物除草。20天后再施1次肥，亩施复合肥30千克+尿素15千克，施肥后进行防病除虫。

3. 直播套种成园法

直播套种成园法是一种快速成园、提高经济效益的新技术，具体办法如下：

（1）播种方法。

播种时间选择在 2 ~ 3 月份最适宜。

先将之前拌匀有机肥的地段，沿线将 10 厘米宽的泥土，充分打碎并浇透水，然后沿桑行线点播桑种，每 10 厘米播 3 ~ 6 粒，亩播种量为 0.2 ~ 0.3 千克，播种后用泥粉薄盖种子，最后盖草再浇水。

桑苗行间可以以适当距离套种黄豆、花生、蔬菜等作物，可提升土地利用率，同时能通过生物多样性防治病虫害。

套种作物要保证能在 5 月份收获完，以免影响桑树生长。

（2）种苗管理。

播种后的小苗阶段要注意浇水，及时除草、施肥、防病。

为了养树，当夏不伐，到冬季时，从离地面 50 厘米左右处进行修剪，修剪后，按每亩 6000 ~ 7000 株（行距 70 ~ 80 厘米，株距 13 ~ 16 厘米）的密度，留足壮株，重施冬肥。

（二）建园

选择土质疏松的园地，将地块中的土壤犁耙匀整，沿地势按行距 80 ~ 100 厘米、深宽 30 ~ 35 厘米开沟，掘松沟底，放入塘泥、草皮灰、腐熟垃圾、堆肥等土杂肥作基肥，每亩用量为 3000 ~ 6000 千克，再加过磷酸钙 50 千克，回土拌肥，耙平备用。

设计好相应的排灌系统，畦间开排水沟应做到深沟、浅沟相结合，沟沟相通，能排能灌。

（三）定植

1. 苗木种前处理

按规格分级，把过长的根剪去，以免栽植时根系盘缩卷曲，影响发育；对根部有机械损伤及卷曲的部分要剪除，防止根部伤口滋生霉菌蔓延，影响根系生长。为促进生根，如有条件可在移栽前用生根剂浸泡桑苗根部。

2. 种植密度

栽植密度不宜过密，每亩用桑苗 4000 ~ 5000 株。按株行距拉线，一铲放一苗。浅栽、踏实，如遇天旱要浇定根水，并在离地面 2 ~ 3 芽处剪定，控制发芽数，使枝条粗壮。

（四）桑园管理

1. 剪梢和摘芯

春季要轻剪树梢，剪去顶端 16～23 厘米不充实部分，同时将横伏条、细弱枝剪去，保留足够的结果枝，有利养分集中，提升结果品质。

新梢要及早摘芯，以控制营养生长，抑制新梢旺长，促进生殖生长，增加结果量，同时增强园内通风透光度，保证果实品质并减少落果数量。一般留 6 叶左右，也可分批摘，摘去新梢顶部嫩芽。

2. 防止冻害

每年春天乍暖还寒之时，气温不稳而桑树萌芽又早，难免会遭受冻害。因此，预防早春冻害是桑园的一个重要工作。常用以下几种方法：

（1）选择抗冻的桑树品种，如晚生桑，虽然发芽晚一些，但能更好地保证芽的完整不受冻害。

（2）选择在地势较高的地方建园，光照更充分，可有效减少冻害。地势低的地方容易聚集冷空气，桑园易受冻害。

（3）覆草是一种防止早春冻害的常用方法，对于桑园来说也很实用。冬季初，将干稻草覆盖在树周围的土地上，或用塑料膜覆盖，可提高土壤温度。

（4）在冷空气到来前，用草绳将树的主干包裹起来，可以有效防止寒流入侵。第二年春天，把草绳解开，集中消毒处理，既能防冻害，又能消除冬季病虫害。

（5）尽早进行桑园的施肥和浇水工作。浇水后要及时松土，有利于根部吸收养分，促进桑树生长，还可有效提高其抵抗能力。

（6）在大棚内栽培桑苗也可以有效预防霜冻，但要注意棚内温湿度过高时，落果和菌核病的发生率较高，需及时进行防控。

3. 浇灌及排水

栽种好桑苗后，需要时时关注桑田旱渍情况。

浇灌可用抽水灌溉或沟灌等方法。沟灌时以润湿畦面土壤即可。浇灌在早晨或傍晚进行为宜，日中浇灌会因土壤温度较高、水温较低而对桑根产生不良影响，尤其是对幼小桑苗影响较大。

雨季尤其要注意桑田内的积水状况，当出现积水难以渗入土壤时，要进行人工干预排水，务必达到雨停沟干的要求。

4. 施肥

施肥注重氮、磷、钾配合，多施有机肥和钾肥，追施长果肥。施肥时，注意要开沟深施，并回土，肥料要离桑苗10厘米远，以免烧死桑苗。

当桑苗新梢长到10~13厘米高时，可以进行第一次施肥，亩施粪水＋尿素3.5~5千克。桑苗长到16~20厘米高时，可以施第二次肥并同步进行除草工作，亩施农家肥250~500千克＋复合肥20千克＋尿素10千克，随后可喷禾耐斯、都尔等旱地除草剂1次，注意不能喷到桑苗上。隔20天后，施第三次肥，亩施生物有机肥50千克＋尿素20千克。施这次肥后，喷1次乐果＋敌敌畏溶液，进行病虫害防治，浓度为背负式喷雾器一桶水加乐果2盖，敌敌畏2盖，不得喷其他农药，以免蚕中毒。

春肥应在2月上旬桑芽萌动前施，亩施复合肥50千克，注意不偏施氮肥，以免营养生长过旺而造成落花落果。

在青果期、幼果迅速膨大期，即3月下旬至4月初，为促使桑果膨大和提高含糖量，每亩应施复合肥30千克和钾肥10千克，有条件的，在4月份每隔10天用0.3%的磷酸二氢钾根外施肥，但应在傍晚或阴天进行。

夏伐后施肥以有机肥为主，每亩1500千克，并加尿素30千克、磷肥40千克。第二次追施夏肥在7月中旬，亩施复合肥20千克。

8月下旬应补施秋肥，每亩施复合肥15千克。冬季要多施有机肥，有条件的，亩施2000千克。

四、病虫草害防治

防治原则：综合防治，以物理防治、生物防治和农业防治为主，化学防治为辅。

果桑的病虫草害防治，主要是在春季预防白葚病。白葚病是由真菌束盘在土壤上越冬，次年早春靠子囊孢子喷发传播，一旦发生，传播速度很快，在防治上务必重视。

（1）冬季清园，及时剪去病枯枝和倒挂枝，然后用 0.8∶0.8∶100 波尔多液或 1～3 度石硫合剂或 45% 晶体石硫合剂稀释 80～100 倍液喷洒地面。

（2）冬耕除草，暴露真菌来盘于低温下，使菌核病病菌冻死。

（3）早春开花初蕾期，用 70% 甲基托布津 1000 倍液或 50% 多菌灵可湿性粉剂 600～1000 倍液交替喷洒，喷洒于整株树冠及地面，每隔 7～10 天 1 次，全期 3～4 次。但应在采果前半个月停止喷药，发现病果（白果）及时摘除，并异地深埋，以免传染。

五、采收与应用

（一）桑葚的采摘

桑葚的采收时间为 5～6 月份，当桑葚出现变红发紫的情况，即可进行采摘。

采摘时需要将桑葚连果梗一起采下，要注意小心轻放。随后需要第一时间运送到市场或工厂进行销售和加工。

（二）桑葚的加工

桑葚也需要深加工与开发才能获得更大利润。

当下采摘旅游深受各地人群的欢迎，有庞大的市场需求，果桑园同样可以考虑走这个模式。

在食品加工领域，利用高效的桑葚脱水机，晾晒脱水效率大幅提升，配套食品加工技术，研发上市的桑葚深加工产品种类已经很丰富了，常见的有桑葚膏、桑果糖、桑叶茶、桑葚酵素、桑葚酒、桑果醋等诸多产品。

（三）应用推广

果桑的推广，对农户来说，可以实现多重增收渠道：一是桑葚和桑叶的直接销售增收；二是牵动养蚕带来的蚕丝营收；三是推动桑葚采摘旅游项目，增加农家乐式餐饮、住宿等收入来源；四是桑葚的食品深加工，拓宽产品销售渠道。

综上，可见果桑园的建立与推广，对于带动一个地区的经济发展，有着长远而积极的意义，值得农户去亲力亲为，也值得政府予以扶持并协助农户推广。

（作者：赛立馨，昆明市农业广播电视学校；张永生，楚雄州动物疫病预防控制中心；徐冬冬，昆明市农业科学研究院）

特色蔬菜篇

蔬菜是指一切柔嫩多汁并可佐餐的植物产品的总称，包括一、二年生及多年生草本植物，少数木本植物以及食用菌、藻类、蕨类和部分调味品等植物，其中栽培较多的是一、二年生草本植物。蔬菜植物的根、茎、叶、花、果实、种子和子实体等都可以作为食用器官，是人们一日三餐中不可缺少的组成部分。

云南省是蔬菜栽培历史最悠久的省份之一，至今已有1500多年的历史。《山海经》《丽江府志》《昭通县志》和《腾冲县志》中都有明确的记载。据不完全统计，云南可供食用的蔬菜有214种，分属27科83属，1800多个品种，还有400多种的野生蔬菜。在这些种类繁多的蔬菜中，有一大批是具有地方特色的优良珍稀蔬菜种质资源。珍稀蔬菜是在一定地域条件下形成的具有地方特色的，较为名贵且具有较高的食用价值的一类特色蔬菜，含有丰富营养成分及某些特殊物质，具有保健、养生、美容等独特功效。随着生活水平的不断改善和提高，人们对蔬菜的消费需求也发生了较大的改变，不仅要求蔬菜"营养、卫生、安全、品种多样、周年均衡供应"，还要求有一定的保健功能。此外，特色蔬菜在出口外销中也发挥着积极作用，对促进农业产业结构调整、农业增效、农民增收起着重要作用。云南省特色蔬菜生产规模不断扩大，特色蔬菜的绿色、优质、高产种植技术受到了广泛的关注。

落葵栽培与管理

一、概述

落葵，又称作木耳菜、豆腐菜、紫葵、胭脂菜等，原产于亚洲东部，在中国南北各省都有分布。我国有 3000 多年的落葵栽培历史，《尔雅》释落葵曰："落葵，繁露也。"李时珍在《本草纲目》中记载："落葵三月种之，嫩苗可食。"

图 14　落葵（王海燕　拍摄）　　图 15　落葵（王海燕　拍摄）

落葵口感犹如木耳一样肥厚、柔嫩软滑，所以又称木耳菜。主要以幼苗、嫩茎、嫩叶芽梢作为食用部分。含有丰富的蛋白质、无机盐和各种维生素等营养成分，特别是胡萝卜素、维生素 C 及钙的含量最为丰富，其中钙含量是菠菜的 2～3 倍，同时还含有皂苷、葡聚糖、黏多糖等药用成分，具有清热、凉血、降血压、防止便秘等功效，是一种低热量、少脂肪的保健特色蔬菜，也是一种比较适合老年人食用的理想的食材。

　　落葵适应性强，分布广，根系较发达，但在土壤中的分布浅；茎的分枝力强，蔓生，采收后可以不断产生新的分株，所以可以连续采收嫩梢食用。落葵作为一种特色蔬菜，生长周期短，一年可以繁殖多次，产量高，具有较高的经济效益。

二、生长环境条件

　　落葵喜欢温暖的环境条件，具有一定的耐热性，但不耐低温及霜冻，遇到霜冻即枯死。温度在 15℃ 以上时种子即可萌发，生长适宜温度为 25～30℃，在 35℃ 以上只要土壤水分充足仍然能够良好地生长。落葵属喜光短日照植物，生长期间需要充足的光照，光照长短对落葵的生长尤为重要，在高温短日照条件下有利于促进开花结籽。落葵喜湿润环境，不耐干旱，严重干旱的气候会导致生长不良，品质差，而在高温多雨的季节里生长繁茂，产量高，品质好。落葵适应性强，对土壤要求不严，但种植时应选择疏松肥沃砂壤土最好。由于可以多次采收嫩稍作为食用，肥料施用以氮肥为主，才能获得优质高产。

三、栽培管理技术

　　落葵的主要品种有红花落葵、白花落葵及大叶落葵三种。红花落葵叶绿色，茎紫红色，或者茎、叶、花均为紫红色；白花落葵茎、叶片均为绿白色，花为白色。红花落葵、白花落葵作为蔬菜栽培较多。大叶落葵叶片宽大，产量高，在中国海南分布较广。

（一）繁殖方式

　　落葵的繁殖方式主要以种子直播繁殖为主，也可育苗移栽。播种期从春季到初秋都可以陆续播种。一般当地气温在 20℃ 以上时就可以露地播种，以嫩茎叶为食用部分的在播种后 50 天左右就进入采收期，具体播种时间大致在 4 月份左右，6 月份就可以陆续采收。各地播种期略有差异，云南省南部海拔 1200 米以下的地区可以提前在 2～3 月份播种，如昆明及滇中地区清明前后可以播种；如果采用小拱棚或者地膜覆盖、大棚栽培，播种期可以提前一些，可以在 1～2 月份播种。

（二）整地

落葵种植要选择疏松肥沃、pH 值为 6.8 左右的砂壤土，播种前结合整地，施足底肥。底肥要求氮磷钾合理搭配，以有机肥为主，应尽量早施，避免产生肥害。一般每亩施用充分腐熟的有机肥 2000～3000 千克。整地的过程中把有机肥充分与土壤混匀，把土壤整细耙平，做成平畦，畦面宽 1～1.2 米。夏季雨水较多的地方也可以做成高畦，畦高 20～30 厘米，以便于排水。

（三）播种育苗

1. 种子处理

落葵种子壳厚且坚硬，所以在播种前应提前进行浸种催芽，以提高发芽率。一般先用 50℃水浸种 30 分钟，浸种过程中要不断搅拌，然后再在 28～30℃的温水里浸泡 4～6 小时，时间到后搓洗种子，清洗干净后在 30℃条件下进行催芽。当 65% 左右种子露白时，就可以播种了。

2. 播种方法

（1）直播。可以采用条播或打塘点播、撒播。

①条播。可先在畦面上开条沟，一般要求沟深 2～3 厘米，沟宽 10～15 厘米，沟距 20 厘米，开沟后可以在沟内撒普通过磷酸钙及少量有机肥做底肥，每亩普通过磷酸钙用量为 25～35 千克，沟内土肥混匀后播种。播种后耙平畦面，稍做镇压，浇透底水。

②点播。畦面作平后，按行距 50 厘米，株距 25～30 厘米打塘，打塘后每塘放 20 克左右普通过磷酸钙，肥土混匀后播种，每塘播 4～5 粒种子。播种后耙平土壤盖土，浇透水。

③撒播。播种前浇透底水，当水下渗后再撒一层干细土，土层厚 0.5 厘米，然后均匀播种，播种后再盖 1.5～2 厘米厚的细土，早

春低温季节可以盖地膜保温保湿。

（2）育苗移栽。苗床选好后深翻晒垡，施入有机肥及普通过磷酸钙做底肥，肥土混匀，打碎耙平，做成 1.2 米宽的苗床。播种前先把苗床浇透底水，为了保证播种均匀，可以把种子与细土或沙混匀，然后再播种。播种后撒一层厚 0.8～1.0 厘米的细土，盖上地膜保温保湿，或搭小拱棚覆盖。如果采用小拱棚覆盖的，应该及时注意通风，白天气温保持在 22～26℃，夜间气温 15～18℃。地膜覆盖出苗顶膜时及时揭开地膜，当秧苗长出 2～3 片真叶时，就可以定植。

（四）田间管理

1. 间苗定苗

无论是大田直播还是育苗移栽，出苗后应适时间苗定苗。大田直播的，根据采收标准不同，通过间苗保持合适的株行距。采收叶片的，通过间苗保持株行距为 30 厘米 ×40 厘米、点播的每塘留 1～5 株、采收嫩梢的保持株行距为（15～20）厘米 ×（30～40）厘米、点播的每塘留 1～3 株。育苗移栽的，当幼苗长出 4～5 片真叶时即可定植。

2. 中耕除草

大田直播出苗后，育苗移栽后缓苗时以及后期生长期间，都要做好中耕除草工作，保持田园清洁，防治病虫草害。

3. 肥水管理

落葵属于叶菜类蔬菜，生长期间主要施氮肥。在施入充足的农家肥做底肥的基础上，追肥主要施用充分腐熟的人畜粪尿或者氮素肥料。一般要求在出苗后适时浇水，保持田间土壤湿润。到达采收时期，每采收一次，追施一次肥料，可以采用每亩 300 千克的人畜粪尿或尿素 10 千克，南方雨季雨水较多时注意及时排水防涝。

4. 植株管理

（1）采收嫩梢。采收嫩梢为食用部分的，在管理过程中，当植株长到高 30～35 厘米时，基部留 3～4 片叶，采收嫩头梢，并保留两个生长健壮的侧芽成梢。采收第二道嫩梢时，再留 2～4 个侧芽成梢，这样到了生长旺盛期每株可以有 5～8 个健壮侧芽成梢，到中后期随着植株长势逐渐衰退，及时抹去花茎上的幼蕾，到后期保留

1~2个健壮侧梢，以利叶片生长肥大。

（2）采收叶片。采收叶片的可以采用搭架栽培，一般在植株高30厘米左右时，搭人字形架并引蔓上架。植株管理时，每株植株在保留主蔓的基础上，再在基部选留一枝生长健壮的侧蔓组成骨干蔓，当骨干蔓长到架顶时及时摘心，摘心后再在各骨干蔓上选留一枝健壮侧芽。每枝骨干蔓在叶片采完后剪下架。要求不管是上架还是每次采收后，都要及时培土，促进根系生长。

四、病虫草害防治

落葵病虫害相对较少。病害有褐斑病、灰霉病等。褐斑病又称"鱼眼病"，危害叶片，使叶片上布满无数小圆点，不仅影响外观及质量，甚至造成落叶。褐斑病发病初期可喷72%克露可湿性粉剂500~600倍液，或80%代森锰锌可湿性粉剂600倍液喷雾防治。灰霉病发病初期采用40%嘧霉胺悬浮剂800~1000倍液，50%腐霉利可湿性粉剂2000倍液喷雾防治。

虫害有斜纹夜蛾，受斜纹夜蛾危害的嫩叶尖上会出现小眼，可采用菊酯类杀虫剂喷洒防治。

五、采收

落葵属于蔓性植物，若采收不及时，会影响产品的产量及质量。采收嫩梢的，当植株高30~35厘米时按基部留2片真叶进行采收，侧枝有5~6片真叶时再按以上方法采收，以此类推，直至采收结束。由于这样反复采收，植株一般保持在20~25厘米左右的高度。陆续采收嫩叶的，要求叶片充分展开，肥厚，并在尚未变老时采收。

（作者：王海燕，昆明学院农学与生命科学学院）

番杏栽培与管理

一、概述

番杏，又称作新西兰菠菜、洋菠菜、夏菠菜、蔓菠菜等，为番杏科番杏属一年生或多年生半蔓性草本植物，生产上常常作为一年生栽培。番杏原产于澳大利亚、东南亚及智利等地，在欧洲、印度等很早就将其作为蔬菜进行栽培，中国自1941年前后引进，一直以来栽培较少，自改革开

图 16　番杏（王海燕　拍摄）

放后，随着经济的不断发展，人们的消费习惯发生了较大的变化，对一些特色蔬菜的需求不断加大，尤其是近几年对番杏的需求越来越多，在一定程度上促进了番杏栽培技术的提高。

番杏食用部位为肥嫩的叶片和嫩茎尖，清香爽口。番杏富含蛋白质、碳水化合物、脂肪及钙、磷、铁，以及胡萝卜素，维生素 A、B 等多种营养物质。还具有清热解毒、祛风消肿的作用。它是一种具有较高营养价值和保健功能的无污染绿色食品。

番杏抗逆性较强，植株生长旺盛。具有较发达的根系，入土

深，有一定的耐旱能力，但耐涝能力较差。茎圆形、半蔓生，生长初期茎直立，后期匍匐生长，具有较强的分枝能力，在每个叶腋部位都能分化出侧枝，尤其在嫩梢采收后，通过大量萌发侧枝使整个植株呈丛生状。番杏生长周

图 17　番杏（王海燕　拍摄）

期长，采收期也长，产量高，品质好。

二、生长环境条件

番杏具有较强的适应性，既耐热又耐寒，能够忍耐 0℃ 的低温，所以在冬季无霜的地区可以露地安全越冬。对光照条件要求不高，有一定的耐阴性，在强光及弱光条件下都能生长良好。土壤的适应性较强，生产上选择较肥沃的壤土或砂壤土。番杏既耐湿润，又耐干旱，但在生产中要求湿润的土壤环境，对氮肥和钾肥的需求较多，肥水充足的情况下，生长发育良好，容易提高产量和品质。番杏几乎不受病虫危害，是一种栽培管理容易的特色蔬菜，可连片种植，也可在房前屋后或田边地角零星栽培，不仅可绿化、美化环境，还可以随时采摘食用。

三、栽培管理技术

（一）繁殖方式

番杏一般采用种子直播进行繁殖，育苗移栽成活率较低。播种时间，多数地区以春播为主，一般在每年的 3 ~ 4 月，冬季气候温暖的地区也可以在秋季播种，即在 8 ~ 9 月份播种。采用种子直播，每亩用种量在 2 ~ 3 千克。

（二）整地

番杏种植选排灌方便、保水保肥力强的壤土或砂壤土。播种前进行深翻晒垡，结合翻地每亩施入腐熟有机肥 2500～3000 千克。打碎土壤，精细整地，肥土混匀，整平做畦，考虑到番杏喜湿怕涝的特性，可以做成平畦或高畦，畦宽 1.0～1.2 米，沟宽 25～30 厘米，做好播种准备。

（三）播种

1. 种子处理

番杏种子种皮坚硬，不容易吸收水分，所以在播种前要对种子进行处理，使种子吸收水分，促进种子快速发芽。可以在播种前采用物理破损种皮的方法打破种皮，或者也可以采用温水浸种的方法，种子处理后浸种 2～3 天，等到种子吸足水分后再播种。

2. 播种

番杏播种既可以打塘点播，也可以采用撒播或条播的方式。打塘点播，按株行距（40～50）厘米 ×30 厘米打塘，每塘播种 4～5 粒种子。撒播或条播，注意播种时把种子与适量的砂或细土混匀，提高播种质量。播种后盖土，浇水，保持土壤湿润。

（四）田间管理

1. 中耕除草

番杏出苗整齐后进行间苗，当苗高 15 厘米时每塘保留 1～2 株壮苗定苗。结合间苗及时进行中耕除草，中耕要求做到勤中耕、浅中耕，以利于根系发育，避免杂草滋生。

2. 肥水管理

番杏以采收嫩茎叶为产品器官，而且植株分枝能力较强，枝繁叶茂，因此要保障充足的肥水条件。番杏从出苗到生长期，要保持土壤湿润，尤其到植株生长盛期，枝叶茂盛，对水的需求量增加，但应注意不要过湿，保持见干见湿，湿度过大易腐烂，夏季雨水较多注意防涝。番杏一次栽培多次采收，采收期较长，在施足底肥的基础下，应该进行多次追肥以满足植株生长的需要。采收前每亩施 10～15 千克尿素及 10 千克氯化钾，也可以施用含氮钾量高的水溶性有机肥。后期每采收 1 次，追肥 1 次。

3. 植株管理

番杏在田间栽培过程中生长旺盛，侧枝萌发力强，分枝多，特别是在嫩茎尖采收以后，容易造成田间生长过密，影响通风透光。管理过程中要及时摘除部分生长不好的侧枝，或者剪除一部分茎蔓，不仅改善通风透光条件，而且有利于植株生长。番杏也可以采用搭架栽培的方式，以增加栽培密度，同时对于采种植株也利于种子的成熟。

四、病虫草害防治

番杏很少发生病虫危害。按"预防为主、综合防治"的原则进行防治。

1. 番杏病毒病

发病时植株叶片变小，皱缩，下部老叶黄化，明脉。病毒病主要通过蚜虫传播感染。应该加强蚜虫防治，可减少病毒病的传播途径。发病前可以采 20% 盐酸吗啉胍、10% 的 83 增抗剂 100 倍液喷洒防治。

2. 番杏枯萎病

发病早期植株矮化，基部老叶颜色变暗，以后逐渐黄化，萎蔫，后期顺着茎秆向下延伸到根部，使根部变成褐色直至枯死。在高温干旱环境下病情发展较快，加快了植株的死亡速度。防治上可与葱蒜类、禾本科植物等实行 3～5 年的轮作。发病初期采用 70% 甲基托布津可湿性粉剂 800～1000 倍液或 50% 多菌灵可湿性粉剂 800～1000 倍液等灌根防治。

3. 菜青虫

菜青虫属于食叶害虫。可以采用 32% 的 BT 乳剂 2000 倍液或 10% 的烟碱乳剂 500～1000 倍液或 5% 的抑太保乳油 2000～3000 倍液喷雾防治。

五、采收

番杏主要采食肥厚柔嫩的叶片和嫩茎尖，在生长期可以多次采收。在夏、秋肥水充足的条件下，每 10～15 天就可以采摘 1 次，采收时间可以延续至霜降。番杏也可以留种，在其主茎和侧枝上，只要不摘心，除近基部的 3～4 节外，每一片叶片的叶腋部位都有一个花序，而且都能开花结果，收获较多的种子（果实）以供生产使用。

（作者：王海燕，昆明学院农学与生命科学学院）

多花菜豆栽培与管理

一、概述

　　多花菜豆属于豆科，菜豆属，又称作京豆、大花豆、大黑豆等，云南叫荷包豆，属于豆科菜豆属的一年生草本植物。原产于南美洲海拔 2000 米以上的潮湿冷凉地区，中国一般在海拔 2100～3000 米的地区种植较多，其中以种植在海拔 2400～2600 米的区域的产量最高，种子饱满，光泽好，品质优良。主要品种有大黑花多花菜豆和大白花多花菜豆两种。云南、贵州、四川和陕西栽培面积较大，云南省在大理、剑川、洱源、丽江、兰坪、晋宁等地有大面积栽培，而丽江由于栽培历史悠久、栽培面积较大，大白花多花菜豆品质优良，已被中国绿色食品发展中心列为 AA 级绿色食品开发基地。多花菜豆已成为中国重要的出口创汇的蔬菜之一。

　　多花菜豆的营养价值较高，每 100 克含 20% 以上蛋白质、1.5% 的脂肪、63% 的碳水化合物，含钾高达 1520 毫克、镁 193.5 毫克、钠 0.8～0.9 毫克，并含有铁、钙和丰富的维生素 B_1、B_2。其中钾钠比很高，是心脏病、动脉硬化、高血脂和忌盐患者的高钾低钠保健食品。在中国，多花菜豆的用途比较广泛，既可以做粮食，也可以作为蔬菜、饲料等来食用，食用部位是嫩荚和豆粒。

　　多花菜豆主要种植在山区及半山区地区，适应性强。有较发达的根系，植株高大，分枝性强，头状花序，每一花序上的花比一般豆科植物要多，故名多花菜豆，有红花、白花两种花色，形态艳丽，有较高的观赏价值。

图 18　多花菜豆（王海燕　拍摄）　　图 19　多花菜豆（王海燕　拍摄）

二、生长环境条件

多花菜豆具有较强的耐寒性，生长适宜温度为 17℃，温度低于 5℃以下停止生长，高于 25℃以上不易开花结荚。多花菜豆喜欢充足的光照条件，是短日照植物，对光周期反应不敏感，南种北引时容易造成成熟期延迟，应引起重视。适宜在排水良好、土层深厚、土质肥沃的壤土和砂壤土上栽培，生长期间需要充足而均匀的水分，土壤水分过多易发生病害，水分不足落花严重，土壤 pH 值以 6～7 为宜。

三、栽培管理技术

多花菜豆分为有限生长型和无限生长型两种。有限生长型茎蔓生长较弱，当抽生 20～30 节后就自行封顶。无限生长型植株高大，蔓性较强，顶端不封顶，植株可以高达 7 米。根据花的颜色又分为红花种和白花种两种类型。种植时间各地有一定的差异，大多在谷雨与立夏期间播种较为适宜。

（一）繁殖方式

多花菜豆生产上主要以种子直播为主。忌与豆科作物连作，可以与玉米、马铃薯间套作。一般当土壤温度在 10℃左右就可以播种，多数地区一般在 4～6 月播种。播种前进行选种，为保障种子出苗整齐及秧苗质量，应选择粒大、颗粒饱满、光泽度好、没有病虫害和破损的种子。播种前晒种 1～2 天，促进种子发芽整齐。

（二）整地播种

播种多花菜豆之前结合整地施足底肥，每亩撒施充分腐熟有机肥 1500～2000 千克，深翻碎垡，混匀土肥。采用单行高墒栽培，打塘播种。株行距为（90～100）厘米 ×（40～50）厘米。播前每亩施 25 千克复合肥做种肥，播种时种子不能与肥料接触。每塘播种 3～4 粒种子，播种深度保持在 10～15 厘米，播后盖土 6 厘米左右，然后浇透水。每亩用种量在 6～8 千克。

（三）田间管理

1. 间苗定苗

出齐苗后根据田间出苗情况，进行检查，出现缺塘时及时补播。当幼苗长出 2～3 片真叶时进行间苗，拔除弱苗、病苗及畸形苗。当具有 3～4 片真叶时定苗，保留生长健壮的幼苗，每塘留 2～3 苗。

2. 中耕除草

多花菜豆出苗后在整个生长期进行 2～3 次中耕除草。中耕除草不仅可以防止土壤板结、水分蒸发，还可以防止杂草与植株争光、争水肥。在中耕的同时进行培土，促进根系发育。

3. 搭架

无限生长型品种，在植株长到高 30～40 厘米时采用竹竿进行搭架，插竿时尽量不要损伤根系，一般插在离植株 10 厘米左右的地方，搭人字架，架高 2 米以上。搭架后按逆时针方向引蔓上架。

4. 封顶

为了有效控制植株高度，调节好营养生长与生殖生长，应适时进行封顶。一般在植株长到高 50 厘米左右时剪去枝头，使养分回流至下部，促进生殖生长。多次封顶，使植株形成灌丛状，促进开花结荚。

5. 打杈

多花菜豆植株容易形成较多侧枝，根据侧枝生长情况，应及时进行打杈，改善田间通风透光条件和防止养分消耗。一般要求对植株下部 1~2 节萌发的侧蔓要留壮去弱。除主蔓外，保留 3~5 节侧蔓，其余侧蔓在不超过 30 厘米时及时剪除。封顶打杈选择晴天进行。在植株生长期，要及时打掉下部老叶和病叶。

6. 肥水管理

多花菜豆生长周期长，结荚量大，所以对水肥要求比较严格。幼苗期适当控制水分，防止徒长。开花结荚后，生长量大，对水肥的需求量加大，所以要在初花期和开花盛期各追肥一次，每亩用三元复合肥 10~15 千克。追肥结合浇水进行。采收前一个月停止施肥。雨季注意排水，防止积水产生涝害，影响植株生长。

四、病虫草害防治

在多花菜豆的病虫害的防治方面，采取"预防为主、综合防治"的原则。在确保消灭病虫害的情况下，尽量减少农药的用量，以降低农药残留量，确保产品质量。常见的病虫害有以下几种：

（一）主要病害

1. 白粉病

避免连作，实行 3~5 年的轮作。播种时采用 70% 甲基托布津可湿粉或 50% 多菌灵、75% 百菌清可湿粉按 1∶1 比例拌种，对种子进行消毒处理。发病初期可用三唑酮、苯醚甲环唑等药剂防治。

2. 叶斑病

实行 3~5 年的轮作。播种前深翻晒土，清理田园，及时清除病株、老叶及病叶。发病初期采用 25% 晴菌唑、45% 三唑酮可湿性粉剂 800 倍液及时喷药防治。

（二）主要虫害

1. 地老虎

多花菜豆在苗期常常遭受地下害虫地老虎的危害，主要造成近地表茎被咬断，缺苗断垄。所以在发生零星幼苗被危害时要及时防治。在田间虫害量少的情况下采用人工捕捉，而在1~3龄幼虫期，害虫会暴露在寄主植物表面或地面上，此时抗药性差，是药剂防治的最佳时期。可以采用2.5%溴氰菊酯灌根防治。

2. 蚜虫

蚜虫常群居在多花菜豆的顶芽、嫩叶、花蕊和青荚上，吸食汁液，造成嫩叶卷缩、落花，严重时植株萎缩，还容易传播病毒病。可以采用10%的吡虫啉可湿性粉剂1500倍液喷雾防治，或者用3%啶虫脒乳油均匀喷雾防治。

3. 花蓟马

花蓟马主要危害多花菜豆的叶片、花蕾、青荚等，另外易传播病毒病。采用吡虫啉、敌百虫等药剂进行有效防治。

五、采收

多花菜豆可以采收嫩荚或干豆作为食用。嫩荚的采收一般在播种后的80天左右，即落花后10~15天，过早采收会降低产量，采收过晚会影响品质。对于干豆的采收，由于成熟期较长，采收期正值雨季，极易受病虫危害，降低产量及品质，所以应采取成熟一批采收一批。中后期的豆荚可以等到豆荚变黄，植株茎蔓、叶片脱落后一次采收，带荚晾干，在销售之前集中脱壳，保证产品质量。

（**作者：王海燕，昆明学院农学与生命科学学院**）

佛手瓜栽培与管理

一、概述

　　佛手瓜，又称作梨瓜、合掌瓜、洋丝瓜、丰收瓜、菜肴梨、普耳瓜、寿瓜等，属葫芦科佛手瓜，属多年生宿根草质攀缘性草本植物。原产于墨西哥、中美洲和西印度群岛等热带地区，在中国已有近百年的栽培历史。佛手瓜喜欢温暖的环境条件，既不耐热，也不耐霜冻。有极高的种植价值和食用价值。富含多种维生素、氨基酸以及锌、钙、硒、铁等多种营养成分，含较高的钾和较低的钠，属于高钾低钠食品。能够有效预防高血压、肥胖症和心脏病，儿童食用能够有效补充锌元素，促进儿童智力提升，还可以有效提高人体对疾病的免疫力。佛手瓜是目前新兴的一种优质保健蔬菜，食用其果实、嫩尖及块根。近年来，随着人们生活水平的提高，对无公害蔬菜需求强烈，佛手瓜病虫害较少，容易进行无公害蔬菜的生产，越来越受到人们的喜爱，价格逐年攀升，经济效益显著。

图20　佛手瓜（王海燕　拍摄）

佛手瓜根系分布广，吸收能力强，有较强的耐旱性。主蔓长数十米，分枝能力强；叶片掌状，每个节位着生叶片及卷须；雌雄同株异花，雌花开花时间比雄花稍晚；果型优美，梨形，果实上有条状纵沟，颜色呈绿色至黄白色，每个果实中有一粒扁平纺锤形种子。佛手瓜的种子没有休眠期，成熟后如不及时采收，就容易很快发芽，降低果实的食用价值。

二、生长环境条件

佛手瓜喜欢温暖湿润的环境，不耐寒冷，茎叶生长最适温度20～25℃，开花结果最适温度为15～20℃，低于5℃易受冻害，15℃以下或25℃以上时授粉不良，容易落花落果。典型的短日照植物，喜欢中等强度光照，如光照较强会抑制植株的生长。忌涝怕旱，要求有充足水分，栽培过程中一般在根附近进行覆盖保湿。需肥量较大，但不需要过多的氮肥。在氮肥施用的基础上，中后期要重视磷钾肥的补充。对土壤适应性强，在黏土、壤土、砂壤土上均生长良好，生产上选择疏松肥沃、通透性良好的砂壤土较好。适宜生长在微酸性至中性土壤环境中，pH 值以 5.8～6.8 为宜。

三、栽培管理技术

佛手瓜栽培季节因地区不同存在差异，一般终霜过后，温度稳定在 10℃左右即可种植。从栽培形式来看，目前主要有庭院立体栽培、露地与其他作物套栽等多种形式。

（一）繁殖方式

佛手瓜有绿皮和白皮两种类型。绿皮类型茎蔓粗壮，长势强，结瓜多，瓜皮表面具有刚刺，表皮深绿色，有很好的丰产性能。白皮类型茎蔓较细，长势较弱，结瓜少，瓜皮表面光滑无刺，表皮白绿色，产量稍低。各地应根据当地消费习惯选择适宜的品种进行栽培。

佛手瓜可以采用种瓜直接播种，也可以育苗移栽，但大多数以直播为主。种瓜繁殖采用整个果实作为繁殖材料，选择结瓜早、瓜形端正、蜡质多、芽眼突出、没有破损、单个瓜重 300～400 克充分成熟的老瓜做种。有的种瓜可以在藤蔓上养到发芽即可播种。

（二）整地定植

佛手瓜适应性比较强，对土壤要求不严，一般可以选择背风向阳、排水良好、土层深厚、疏松肥沃、透气性好的壤土或砂壤土进行种植，在南方地区可以在房前屋后、河沟、路边等空地上种植，在北方地区可以在大棚、温室中进行栽培。选择好的地块，深翻晒垡，打碎整平。按株行距（4~6）米×（4~6）米挖好种植穴，种植穴规格为长宽各1米，深60厘米，每穴施充分腐熟有机肥8~10千克，复合肥0.1~0.5千克做底肥，穴内土肥混合均匀，上面覆盖厚10~15厘米表土，稍做镇压后准备种植。

由于地块肥力条件的不同，每亩种植25~30塘，每塘栽2~3枚种瓜。种瓜最好先放在15~20℃条件下进行催芽，芽长到5厘米时播种，播种时种瓜水平摆放，盖土深度以不露出瓜为宜。如果是育苗移栽，直接将去掉营养袋的带土的种苗定植在种植穴内即可。种植后浇足底水，覆盖薄膜，保温保湿，促进种子萌发及缓苗。

（三）田间管理

1. 中耕除草

佛手瓜种植后，在整个生长期间田间容易滋生杂草，土壤板结，所以应该中耕除草多次，同时疏松土壤，促进植株生长，防治病虫草害的危害。而且在早春季节，中耕除草还可以提高土壤温度，促进植株根系发育。

2. 肥水管理

（1）施肥。佛手瓜生长周期长，株丛繁茂，结瓜多，产量高，需肥量大，尤其在多年生栽培条件下，应在施足底肥的基础上，多次追肥。追肥数量以满足植株生长和结果需要为原则，不宜过多或过于集中追肥。第一次施肥把握在植株进入旺盛生长期，每穴追施腐熟农家肥5.0~7.0千克、普通过磷酸钙0.5~1.0千克或复合肥料1.0~1.5千克。施肥部位在离植株根部30~35厘米处挖环状沟施入，然后盖土浇水，这次施肥促进地上部生长发育，多发侧枝，为开花结果奠定基础。第二次追肥在开花结果期前进行，一般施腐熟有机

肥 5 千克，普通过磷酸钙 1 千克或复合肥 1 ~ 3 千克，在离植株根部
60 ~ 65 厘米处挖环状沟施入。第三次追肥在植株进入盛果期进行，
每穴施腐熟的农家肥 8 ~ 10 千克、普通过磷酸钙 1.5 千克、草木灰
2.5 千克或复合肥 1 ~ 3 千克，施肥部位与第二次一致。

（2）灌水。佛手瓜忌涝怕旱，保持土壤处于湿润状态为宜。一
般要求苗期及植株生长初期不浇水，如遇到干旱浇小水；抽蔓期控
制水分，促进根系发育，防止植株徒长；进入开花结果期，对水肥
的需求加大，除每次追肥浇水外，需加大浇水量及增加浇水的次数，
保持土壤湿润状态。雨季注意排水防涝。

3. 搭架

佛手瓜有较强的分枝能力和攀缘力，植株极易形成丛生状，故
在抽蔓后及时搭架，一般搭棚架，架高 1.8 ~ 2 米，宽 4 米，每隔 5
米设一排支柱，拉上横杆捆紧，使棚架坚固，然后引蔓上架。如果
是塑料大棚栽培的地区，在夏季气温升高时，及时揭去棚膜，将茎
蔓引出棚外，合理分布在棚面上。

4. 植株管理

佛手瓜每一个叶腋处可萌发一个侧芽。在茎蔓上架后，要及时
进行整枝，提高侧蔓的结瓜数量，增加产量。一般前期摘除茎基部
的腋芽，每株保留 3 ~ 5 个侧蔓，摘除多余的侧蔓。上架后不再摘除
侧芽，主要理顺茎蔓的生长方向，使其在棚架上均匀分布，增强通
风透光条件。同时摘除部分卷须，减少养分消耗。

佛手瓜常常作为多年生蔬菜栽培，一般栽培一次可以利用 3 ~ 4
年。每年采收结束后及时中耕松土，保持土壤湿润，并做好越冬护
根工作。要求在霜冻后离地表 10 厘米左右处割去地上部茎蔓，也可
以留 3 米左右长的茎蔓，下架后盘在地上，在上面盖 30 ~ 50 厘米厚
的稻草、锯末、草木灰等，再覆盖一层塑料膜保温防冻。等第二年
春季萌发时重新上架，施足肥水，促进生长，使重新发芽，长出新
的茎蔓，继续开花结果。

四、病虫草害防治

佛手瓜适应性强，一般不容易发生病虫危害。近几年随着栽培面积的扩大，部分地区出现一些病虫害现象。病害主要有蔓枯病、根腐病、枯萎病、白粉病、霜霉病等。虫害有蚜虫、红蜘蛛、美洲斑潜蝇等。防治过程中遵循"预防为主，综合防治"的原则，主要做到以下两个方面：

（1）进行水旱轮作、清洁田园。大田栽培时，采用喷洒50%的硫黄悬浮液以及生石灰进行土壤消毒，一般在高温高湿季节进行。

（2）在病害发病初期可以根据不同病害的情况，采用如烯酰吗啉、氟菌唑、嘧菌酯或杀毒矾等喷雾防治。虫害可以喷洒如联苯肼酯、阿维菌素、甲酸盐、核型多角体病毒等进行防治。

五、采收

佛手瓜的嫩瓜、老瓜都可以食用。一般采收时期在开花后15～20天，当果皮鲜绿，果肉尚未硬化时采收。留种用瓜在花后40～50天，果实充分成熟时采收。佛手瓜较耐贮藏，采收后贮藏温度控制在9～10℃，空气相对湿度在85%～90%的条件下可以贮藏较长时间，且能够保证较好的风味与品质。

（作者：王海燕，昆明学院农学与生命科学学院；陈婧尧，西安财经大学行知学院2016级本科）

四棱豆栽培与管理

一、概述

四棱豆，又称作翼豆、四角豆、翅豆、扬桃豆、热带大豆等，为豆科豆属一年或多年生缠绕性草本植物，主要分布在云南、广西、广东、海南、四川和台湾等地区，是一种保健型特产蔬菜。

四棱豆的块根、嫩芽、嫩叶、花、果实和种子都可以食用，但一般以嫩荚为主要食用部分。四棱豆含有丰富的营养物质，其中维生素 E、D 含量较高，具有增强记忆、防治衰老的作用，故又称为"长生不老豆"。同时含多种氨基酸、脂肪、膳食纤维以及铁、钙、锌、磷、钾等矿物质成分，具有很好的补血、补钙、补充营养的功效，被人们称作是"绿色金子"，经常食用能达到保健养生的作用。

图 21 四棱豆

图 22 四棱豆种子（王海燕 拍摄）

四棱豆适应性广，生命力强，生长周期长，一般种植一年可以收获 3 ~ 5 年。根系发达，主根入土可达 70 厘米，主要根群分布在 10 ~ 20 厘米的土层内。主、侧根上都可形成块根，茎节上容易滋生不定根，根瘤较为发达。茎蔓生长，有较强分枝力，蔓生类型茎具缠绕性，矮生类型茎直立丛生。茎色和叶色由于品种不同而具有差异，大致有绿色、绿紫色和紫红色。果实呈四棱形，外形独特，纤维含量少，口感好，深受人们的喜爱。

二、生长环境条件

四棱豆性喜温暖，不耐霜冻。生长适宜温度为 20 ~ 25℃，温度低于 17℃开花结荚不良，遇 0℃以下低温天气即死亡。短日照植物，喜欢充足的光照，尤其在开花结荚期对光照条件要求较高，遮阴、弱光条件易造成落花、落荚。喜欢湿润气候，耐旱而不耐水涝，雨季降水可促进生长，但田间积水易使其烂根死苗，故雨季应注意排水防涝。四棱豆对土壤的适应性较强，耐瘠薄，生产上宜选择土层深厚、疏松肥沃、富含有机质的砂壤土栽培；整个生育期需要的钾最多，氮次之，磷较少，需要补充钙、硼、硫、锌等微量元素，尤其开花结荚期需较多的钾、氮；土壤 pH 值为 4.3 ~ 7.5。

三、栽培管理技术

四棱豆分为有限生长和无限生长两种类型。中国南方栽培较多，主要以多年生的无限生长类型为主。栽培品种主要有早熟翼豆 833、合 85、合 86、早熟 2 号、桂丰 1 号、湘棱豆 2 号等。一般以露地栽培较为普遍。

（一）繁殖方式

四棱豆主要采取种子播种繁殖的方式，可以露地直播或育苗移栽，但以露地直播栽培较常见。一般当地气温稳定在 20℃以上，10 厘米土层温度稳定在 15℃以上才可以播种，所以南方大部地区在 3 ~ 6 月可随时播种。育苗移栽的播期可提前 30 天左右集中育苗，当幼苗具有 4 ~ 5 片真叶时，霜期过后即可移栽。保护设施栽培可全年播种。

（二）整地

四棱豆对土壤的适应性广，但选择土层深厚、疏松肥沃、排灌方便、富含有机质的壤土或砂壤土栽培较好。播种前深翻晒垡，深翻深度在30厘米左右，结合深翻每亩施充分腐熟农家肥2000～3000千克、普通过磷酸钙20千克、硫酸钾复合肥5千克作底肥，土肥混匀，耙碎整平后作高畦，以便排水。畦宽50～80厘米，沟宽25～30厘米，沟深30厘米，每畦种2行，株距60～70厘米。育苗移栽种植规格的株行距为（35～40）厘米×（80～85）厘米。

（三）播种

应选种子饱满、种皮光泽度好、无破损及病虫损伤的种子做种。四棱豆种子种皮坚硬，不容易发芽，为提高发芽率，播种前先晒种1～2天，然后在55℃的温水中浸种15分钟，再用清水浸种1～2天，每4～6小时换水一次，浸种结束后清洗种子，用干净湿纱布包好，放在28～30℃的环境下催芽，当有60%～65%种子露白时即可播种。

四棱豆打穴直播，穴深3～5厘米，每穴播种2～3粒种子，盖土3～4厘米厚，浇透水分，同时覆盖地膜保温保湿，出苗后及时揭膜，定苗时每穴留苗1株。育苗移栽的，当气温稳定在15℃左右时，选晴朗天气带土移栽，每穴栽2株，浇透定根水。

（四）田间管理

1. 间苗、定苗

采用直播的，为保证全苗，在幼苗出土后及时间苗，发现缺塘时及时补播。间苗时把病弱苗、畸形苗拔除，保留生长健壮的幼苗，当幼苗长出7～8片叶时每穴留1株定苗。地膜覆盖栽培的，出苗后要及时破膜引苗，以免顶膜烧苗。

2. 中耕除草

露地栽培的四棱豆在出苗后至植株封行前及移栽缓苗后，植株生长缓慢，定期做好中耕除草，一般1～2次，以利松土、保墒，提高土壤温度，促进根系和幼苗生长。植株伸蔓后再中耕1～2次。随着植株的生长，枝繁叶茂，迅速封行，这个时候结合最后1次中耕除草，进行培土，培土高度 15～20 厘米，促进地下块根的形成。

3. 肥水管理

四棱豆耐旱耐瘠薄，对水肥要求不严。一般在播种及移栽浇足水后，3 叶期至抽蔓前，尽量少浇水，以免徒长。当植株具有 5～6 叶时每亩施复合肥 10 千克左右，尽量少施氮肥。现蕾后，施肥结合浇水，保持土壤湿润。现蕾时每亩施复合肥 15～20 千克、钾肥 15～20 千克；开花结荚期，每亩追施普通过磷酸钙 15～30 千克和钾肥 10～15 千克；同时每隔 7～10 天喷 0.5% 磷酸二氢钾 1 次，每隔 10～15 天每亩追施 20 千克复合肥，保证植株有足够的营养开花结荚，提高产量及品质。雨季注意排水防涝。

4. 搭架及植株管理

植株抽蔓后及时搭架，可以搭成三脚架或人字架，也有搭棚架或篱笆架，架高 1.2～1.5 米以上，并引蔓上架，使蔓均匀分布在架上。

引蔓上架后及时进行封顶打杈。要求初花期对主蔓进行摘心，促进侧蔓萌发及生长，同时降低开花节位，抑制营养生长过旺，促进开花结荚；结荚期摘除过密的无效分枝和过多的叶片，并进行多次摘花，以改善田间通风透光条件，减少养分消耗，提高结荚率。

四、病虫草害防治

四棱豆主要病害有立枯病、叶斑病和病毒病等。病毒病中花叶病毒病较易发病。在病毒病的防治上，首先严格挑选种子，避免种子携带病毒；其次做好蚜虫的防治，以防蚜虫带病传播；再次加强田间管理，提高植株抗病能力。发病初期选择氨基寡糖素等药剂喷雾防治。

四棱豆主要虫害有蚜虫、地老虎和豆荚螟等。蚜虫和豆荚螟可以采用啶虫脒、吡虫啉喷雾防治。地老虎属于地下害虫，可以采用辛硫磷配制成药土，撒在田间进行防治。

五、采收

四棱豆可以采收嫩荚或干豆。采收嫩荚为主的要在花后 15～20 天，豆荚豆粒未膨大凸起，手感柔软，易脆断时采摘。采收干豆的，在豆粒鼓荚明显，豆荚颜色由青绿变为黑褐色，基本干枯时采摘。采后脱粒晾干贮藏。

（作者：王海燕，昆明学院农学与生命科学学院；陈婧尧，西安财经大学行知学院 2016 级本科）

薤头栽培与管理

一、概述

薤头，又名薤，称作荞头、薤子等，为百合科葱属多年生宿根草本植物。常常作为两年生蔬菜栽培。中国主要以湖南、湖北、云南、广西、浙江等地栽培较多，如云南省珍珠玉薤头有着悠久的栽培历史。薤头以鳞茎、茎叶为食用部分。薤头含有糖分、蛋白质，以及维生素 C 和钙、磷、铁等微量元素，《本草纲目》记载，薤头辛、温、滑、无毒，有轻身、不饥、耐劳的功效，能预防多种疾病，故有"菜中灵芝"的美誉。薤头常常作为生产盐渍、糖渍、醋渍等加工原料，产品别具风味，香脆可口，畅销国内外，深受消费者的喜爱，是我国重要的出口创汇蔬菜之一。

图 23　薤头（王海燕　拍摄）

图 24　薤头

薤头的根为弦线状须根系，须根少。茎短缩呈盘状。叶丛生，细长，中空呈管状，表面被有蜡粉。一个鳞茎种植后可产生 10 ~ 20

个分蘖，每个分蘖有 5～8 片叶。顶端着生的花薹呈圆柱状，不中空，伞形花序，能开花不结籽，故采用地下鳞茎做无性繁殖。地下鳞茎白色，纺锤形，大小形如拇指。

二、生长环境条件

藠头喜欢凉爽湿润的环境条件，生长适宜温度为 15～20℃，气温高于 25℃即进入休眠，低于 10℃生长缓慢，不能忍受长时间在 0℃以下的低温。藠头属于长日照植物，对光照要求不严，有一定的耐阴性，适于与其他作物间套作。要求较高的土壤湿度和较低的空气湿度，但怕旱怕涝，生长期间湿度过大容易造成分蘖减少及鳞茎产量低。对土壤的适应性广，以疏松透气、排水良好的砂壤土和壤土栽培较好。较耐酸性环境，适宜的土壤 pH 值为 6.2～7.0。藠头属于吸肥力强的蔬菜，在肥力条件较好的砂壤土中易获得高产。

三、栽培管理技术

藠头多在秋季进行栽培，大多数地区播期为 8～9 月，而在少数高海拔地区，冬季气温低，夏季气候凉爽，也可以选择春季种植，如在云南开远，春季即 2 月上旬至 3 月上旬也可以播种。

（一）繁殖方式

藠头主要采用鳞茎做无性繁殖。藠头的品种类型分为大叶种、细叶种、长柄种、三白荞头等，生产上选择优质良种做种。选择大小适中，具有本品种特征，无病虫害损伤的鳞茎作为种子进行播种。

（二）整地

藠头对土壤的适应性较强，但品种不同，在土壤的选择上存在差异。以新鲜鳞茎为食用的品种，应选择土层深厚、疏松、肥沃的砂壤土，以利于培土软化；以鳞茎作加工原料的品种，对土壤肥力要求不高，可以选择肥力中等的丘陵红壤。云南种植藠头时常与荞子、玉米、马铃薯等进行轮作。前作采收后及时清洁田园、深翻晒垡，一般要求深耕 20～25 厘米，结合整地每亩施腐熟有机肥 1000～1500 千克、普通过磷酸钙 25 千克、钾肥 10 千克。精细整地，混匀土肥。

做高畦，畦宽不超过 2 米，畦高 30 厘米，沟宽 30 厘米左右，做到土细畦平肥足。

（三）播种

选择当年收获，鳞茎大小适中，洁白，根系发达，无病虫损伤的鳞茎做种。在畦面上开条沟播种，行距 17～20 厘米，株距 12～15 厘米，沟深 10～12 厘米，排种前在沟内施一层细干粪做种肥，然后排种，再开第 2 沟时盖土，盖土厚度 3～5 厘米，耙平畦面，以藠头种不露芽为宜。播种后浇透底水，盖一层稻草或地膜，以保温保湿，促进种子萌发。为了防治地下害虫危害，播种前可以用辛硫磷拌种。

（四）田间管理

1. 中耕除草

藠头从出苗到鳞茎开始膨大前，要进行 2～3 次中耕除草，同时根据植株生长情况结合追肥进行培土。第一次中耕除草在幼苗出土半月左右，进行浅中耕，以疏松土壤，保水，提高土壤温度，促进根系发育和植株生长，减少杂草。第二次中耕在植株开始分蘖发棵时，叶片处于旺盛生长期，此时，是杂草最容易滋生的时期，中耕的同时清除杂草，并及时培土。第三次中耕在刚刚封行后，除去杂草，松土保墒；生长中后期进行培土，防止鳞茎裸露成为"绿籽"，影响品质。

2. 灌水施肥

播种后在浇透水的情况下，出齐苗后及时浇 1 次定苗水。以后根据植株生长情况及土壤、空气湿度看苗浇水。藠头在分蘖期及鳞茎膨大期，对水分的要求较高，春季栽培后不久就进入雨季，一般不需要浇水。但秋季栽培，为保证藠头植株生长的需要，遵循"少量多次，小水勤施"的原则进行科学灌水。夏季雨水季节，注意排水，防止根茎腐烂。

出苗后施 1 次肥料，每亩追施硫酸钾复合肥 10 千克左右，兑水浇施。封行前结合中耕培土，每亩施用尿素 15～20 千克，再加 10 千克硫酸钾，可以兑水施或施在植株行间盖土再浇水。有条件的地方，也可以采用水溶性肥料带水冲施，节约成本，合理施肥有助于提高鳞茎产量、提升品质。

四、病虫草害防治

藠头的病害主要有霜霉病和紫斑病，均在叶上产生梭形或不规则病斑。防治措施应注重合理轮作，清沟排水。发病初期可用 0.5% 波尔多液或 80% 百菌清 800 倍液喷施。

藠头的虫害主要有葱蓟马和种蝇幼虫地蛆。发生初期可用溴氰菊酯或功夫菊酯 2000～2500 倍液灌根防治。

五、采收

当鳞茎充分膨大，鳞茎充实饱满，地上部分叶片开始转黄枯萎时，即可采收。一般亩产量 1000～1500 千克。

（**作者：**王海燕，昆明学院农学与生命科学学院；朱昱璇，西南林业大学园林园艺学院 2021 级硕士研究生）

黄秋葵栽培与管理

一、概述

黄秋葵，又称为秋葵、羊角豆，属锦葵科秋葵属一年生草本植物。原产非洲，最早在埃及、印度、法国等国家种植，20世纪初期由印度引入中国，目前已成为一二线城市中具有发展潜力的新型特色保健蔬菜。云南省在德宏、瑞丽等地早有种植，也是当地少数民族喜欢食用的蔬菜。

图 25　黄秋葵（王海燕　拍摄）　　图 26　黄秋葵（王海燕　拍摄）

黄秋葵的主要食用器官是嫩果。它富含蛋白质、维生素 A、B 及铁、钙等营养物质；还含有一种黏性物质，有保护肠胃和肝脏的作用，能帮助消化、增强耐力，对胃炎、胃溃疡有一定的治疗作用。黄秋葵口感爽滑，独具风味，是运动员加强营养的首选蔬菜及老年人的优质保健食品。

黄秋葵为直根系植物，根系入土较深。植株高度因品种不同而有差异，高秆品种株高2米以上，矮秆品种株高1米左右。黄秋葵的花呈淡黄色，较大，具有很高的观赏价值。硕果颜色因品种不同而有差异，主要有绿色和红色两种类型。

二、生长环境条件

黄秋葵喜欢温暖的气候，不耐霜冻。生长适宜温度为20～30℃，在26～28℃的温度条件下有利于开花，坐果率高，同时果实发育快，产量高，品质好。属短日照植物，喜充足的光照，对光照反应较为敏感，光照不足影响其生长发育。黄秋葵具有很好的耐旱、耐湿性，但不耐涝，栽培过程中注意水分管理。对土壤的适应性强，喜欢生长在土层深厚、排水良好、疏松肥沃的壤土或砂壤土中，不喜欢酸性土壤，适宜的土壤pH值为6～8，可与根菜类、叶菜类蔬菜进行轮作。

三、栽培管理技术

黄秋葵一般按果实外形可分为圆果种和棱角种两种类型，按果实长度又可分为长果种和短果种。目前生产上主要有中国台湾五福、日本卡里巴、绿五星、果绿箭等优质栽培品种。

黄秋葵喜欢生长在气候温暖的季节，各地主要以春季栽培为主，少数夏季气候凉爽的地区也可以在夏季种植。

（一）繁殖方式

黄秋葵可以采用种子直播，也可以采取育苗移栽的形式。目前生产中露地栽培较为普遍，也可以采用地膜覆盖、塑料拱棚进行栽培。

（二）整地

选择土壤土层深厚、疏松肥沃、有机质丰富、排灌方便的地块进行种植。在播种或定植前进行深翻晒垡、整地作畦，结合整地施足底肥，每亩施腐熟农家肥2500～3000千克、复合肥30千克，充分拌匀土肥，整平畦面，做高畦、双行或多行种植。一般畦宽1米或1.8米，畦高25～30厘米，沟宽30厘米左右。

（三）播种

1. 直播

一般立春后气温稳定在 12℃以上时即可开始打塘播种，多数地区在 4～6 月播种，少数地区也可提前到 2～3 月播种。

播种前对种子进行筛选，选择颗粒饱满、大小均匀的种子，把那些秕籽、瘦籽、病籽、霉籽提前剔除。为提高种子发芽率，提前把种子放在 30～35℃的温水中浸泡一昼夜，再在 25～30℃条件下进行催芽，当有 55%～60% 种子露白时就可以播种。种植规格，株距40 厘米，行距 60 厘米，1 米的宽畦种双行，1.8 米的畦种 3 行，每塘播种 2～3 粒种子，播后盖土 3 厘米厚，浇透水，用地膜或稻草覆盖，保温保湿，促进种子发芽。

2. 育苗移栽

育苗可以做苗床育苗，但最好采用育苗穴盘或育苗杯育苗。育苗基质采用有机质、园土及细沙按 3∶6∶1 的比例配制成营养土。播种前对种子进行处理，每穴点播 1～2 粒种子，播后盖土 1～1.5 厘米。播种后保持适宜的温度及水分，加强管理，当幼苗具有 2～3 片真叶时进行移栽。

（四）田间管理

1. 间苗定苗

黄秋葵出苗后要适时进行间苗 2～3 次。一般在苗出齐后进行第一次间苗，主要拔出病苗、弱苗；第二次间苗在 2～3 期，除去弱苗，保留健壮幼苗。在长出 3～4 片真叶时结合间苗进行定苗，每穴留 1 株壮苗。

2. 中耕除草

黄秋葵出苗及定植缓苗后要及时进行 2～3 次中耕除草工作。通过中耕，起到提温、保墒、除草的作用。到了开花结果期，植株生长加快，对环境条件的要求更高，所以在每次浇水、追肥后都应及时中耕除草，同时进行培土，防止植株倒伏。

3. 肥水管理

黄秋葵生长周期长，需肥量大，虽有一定的耐旱能力，但要得到丰产必须保证充足的肥水供给。所以在生长发育过程中，要根据植株的生长情况，在施足底肥的基础上，加强肥水管理，满足植株生长发育的要求。一般在出齐苗后，施1次齐苗肥，每亩施尿素6～8千克；在定苗及移栽缓苗后，施1次提苗肥，每亩施复合肥15～20千克；进入开花结果期施1～2次壮果肥，每亩施三元复合肥20～30千克。施肥要与浇水相结合。中后期根据植株生长情况适时追肥，防止早衰，同时采用叶面喷施，补充钙、硼等微肥。进入雨季注意排水防涝。

4. 植株管理

对于植株较为高大的品种，为了防止倒伏，在每棵植株旁设立支柱。黄秋葵侧枝发达，叶片较大，为保证植株生长良好，提高开花结果率，生长过程中需要进行整枝修剪，一般要求清除基部侧芽，剪除多余的侧枝、浓密的枝叶及老叶，改善田间通风透光条件，促使植株生长整齐，多开花，多结果，延长采收期。

四、病虫草害防治

黄秋葵的主要病害有叶斑病、枯萎病、疫病、病毒病等，虫害有地老虎、蚜虫、蓟马、菜青虫等。

防治时要求避免连作，与豆类、茄果类等蔬菜间隔一定的距离进行种植；清除田间杂草，及时处理病株及病叶，杜绝传播源。

药剂防治：叶斑病、枯萎病、疫病等采用多菌灵、百菌清或代森锌等药剂喷雾防治；病毒病采用氮甘吗啉胍或氨基寡糖素等药剂喷雾防治；地老虎采用糖醋液加敌百虫诱杀成虫，用敌百虫灌根防治幼虫；蚜虫、蓟马可用吡虫啉、啶虫脒等药剂喷雾防治；菜青虫等可用高效氯氟氰菊酯、氯虫苯甲酰胺等药剂喷雾防治。

五、采收

黄秋葵以采收鲜嫩的果荚为食用器官，采收过早产量低，采收晚了，果荚纤维化，肉质老化，失去食用价值。所以一般在开花后7～10天，果实绿色、鲜亮，果长6～7厘米时采收。

采收时间在上午 9 点之前进行，如果徒手采摘，则要求戴手套，用手轻轻一掰果柄即断。也可以采用剪刀从果柄处轻轻剪下。但切记不要直接用手撕摘，不然容易损伤植株。

采收后的嫩荚及时放在冷凉、通风、高湿的地方，或装袋后在 0～5℃低温下预冷保存。

（作者：王海燕，昆明学院农学与生命科学学院）

藜蒿栽培与管理

一、概述

　　藜蒿，又称作芦蒿、水蒿、柳叶蒿、艾蒿等，属于菊科蒿属多年生草本植物，有着极强的生命力，在作为大田种植以前主要生长在河边、沟边以及田埂上，以野生为主，后来经过人工驯化栽培后，其食用品质得到极大的改善，成为极具特色的时令蔬菜，走进了千家万户。云南省昆明市在藜蒿栽培上有着悠久的历史，是当地的一种特色蔬菜。

图27　藜蒿（王海燕　拍摄）　　　图28　藜蒿（王海燕　拍摄）

　　藜蒿以嫩茎梢为食用器官，含有丰富的挥发性油，全株有清香气味。藜蒿含有较高的维生素、多种矿物质营养、碳水化合物，具抗氧化、防衰老、增强人体免疫力等功效；还具有清热解毒、预防牙痛、喉痛等药用功效。它是一种药食兼用的保健蔬菜。

藜蒿植株高 40～100 厘米，有发达的地下根状茎，其上着生大量的须根；地上茎丛生，直立，呈浅绿色，茎表面有白色细茸毛，嫩茎梢是主要的食用器官。

二、生长环境条件

藜蒿适应性较强，根系发达，有一定的耐寒和耐旱能力。喜欢温暖的气候条件，当气温在 10℃左右时生长缓慢，15℃以上时生长较快；喜光，光照不足会对生长造成影响；对土壤要求不高，在肥沃、疏松、排水良好的壤土上生长较好；喜欢湿润条件，一般要求较高的空气湿度和 60%～80% 的土壤湿度，在较为阴湿的环境下也能生长；养分需求量大而全面，其中氮肥需求较多，适当补充锌、铁、锰等微量元素，可提高藜蒿的品质，口感更好。

三、栽培管理技术

在 4～7 月份可以露地栽培藜蒿，夏秋收获；为延长其采收期，也可以在 8～9 月份利用塑料拱棚保护地栽培。藜蒿种植一年可以连续收获两年，田间管理对延长采收期及提高产量、品质尤为重要。

（一）繁殖方式

栽培类型主要分为大叶青秆、大叶白秆和红秆藜蒿。其中，大叶青秆类型茎秆青绿色，产量较高；大叶白秆类型茎秆淡绿色，香味淡；红秆藜蒿，茎秆红色或节间红色，香味浓，纤维多，产量低。目前云南主要栽培品种有云南绿秆、南京八卦洲藜蒿或本地驯化种。

藜蒿再生能力很强，不论是扦插、压条、分株还是地下茎分段繁殖都容易成活，在生产中扦插繁殖是应用较为广泛的繁殖方式。

（二）整地

选择肥沃、疏松、排灌良好的地块种植藜蒿。栽种前深翻晒土，施足底肥，每亩施腐熟有机肥 3000～3500 千克，或 25% 有机复合肥 100 千克，结合翻地，把肥料翻入土中，混匀肥土。然后平整地块，做成栽培畦。畦宽 1.5～2.0 米，高 30 厘米；沟深 20～25 厘米，宽

30 ~ 35 厘米。深沟高畦栽培。

（三）定植

1. 扦插

每年 7 ~ 8 月份，选择生长强壮、无病虫害的藜蒿茎秆，除去茎秆顶部的嫩梢，将茎秆剪成长 15 ~ 20 厘米的小段。然后在准备好的畦面上，按行距 10 ~ 12 厘米、株距 5 ~ 6 厘米扦插，扦插深度保持在茎秆 2/3 处。扦插后踏实土壤，浇入水分，一般 10 天左右，插穗便可生根发芽。

图 29　藜蒿（王海燕　拍摄）

2. 分株

每年 5 月份左右，将留种田中的藜蒿植株取出，切记不可伤根。然后除去顶端的嫩梢，按株距 40 厘米、行距 45 厘米的规格进行分株种植，每个种植穴栽 2 株。栽后踏实土壤，浇足水分，一般一星期后便可以成活。

3. 茎秆压条

每年 7 ~ 8 月份，藜蒿的茎秆逐渐木质化，此时是压条繁殖的最佳时期。直接剪下茎秆，截除顶端的嫩梢。在畦面上按行距 10 ~ 15 厘米开沟，沟深 5 ~ 7 厘米。将种株茎秆横埋入沟中，错开头尾，覆土 3～5 厘米厚，稍拍实，浇透水即可。

（四）田间管理

1. 中耕除草

种植后为保证植株正常生长，需要适时浇水。为了防止土壤板结，当植株萌芽后至封行前，要及时中耕松土，使土壤疏松透气，结合中耕，拔除杂草，避免对幼芽生长造成影响。

2. 间苗

当植株高 3 厘米左右时要及时间苗，以免幼苗过多，相互拥挤，造成养分供应不足，影响藜蒿的产量及质量。

3. 肥水管理

栽植后应保持土壤湿润，如遇干旱应适时浇水，雨季注意排水防涝。当植株萌发后应分期适时追肥，促进植株旺盛生长。一般在植株高 3 厘米左右时，每亩施复合肥 20 千克提苗肥；在封行前每亩追施复合肥 20 千克或尿素 10 千克，也可以叶面喷肥 0.3% 磷酸二氢钾或其他叶面肥，促进生长；采收前 10～20 天喷洒 1～2 次 20～25 ppm 的赤霉素，增加植株高度及分枝数，还可使嫩茎变白变软，提高品质。

4. 采后管理

藜蒿种植 1 次可以采收两年。为保证植株生长旺盛，每采收 1 次，应及时中耕松土，清除杂草，使土壤保持疏松状态。等到采收伤口愈合、新叶逐渐长出时，每亩用 10 千克尿素及 25 千克复合肥追肥 1 次，及时补充养分，防止植株早衰，提高产量及品质。

四、病虫草害防治

藜蒿的病害主要有病毒病、白粉病、白绢病、菌核病和灰霉病等，采取综合防治的措施。一般进行 3 年的轮作，如果是设施栽培，应加强棚内通风排湿，防治病害发生。根腐病可用 70% 甲基托布津 1500 倍液灌根防治；灰霉病可用 50% 扑海因 1000 倍液或 50% 速克灵 1500 倍液喷雾防治；白粉病可用 20% 粉锈灵 2000 倍液喷雾防治。

藜蒿的虫害主要有蚜虫、斜纹夜蛾、红蜘蛛、蜗牛等，为减少农药残留，提高藜蒿的商品性及质量，在物理防治的基础上，选用高效低毒低残留杀虫剂进行防治。一般斜纹夜蛾用 15% 安打 4000 倍液或 10% 除尽 3000 倍夜喷雾防治；红蜘蛛用 5% 卡死克 2000 倍液或 2.5% 功夫 2000 倍液喷雾防治；蚜虫用 10% 金大地或 10% 四季红 3000 倍液喷雾防治；如有地下害虫每亩可用 3% 米乐尔 3 千克结合整地深施防治。

五、采收

当藜蒿高 20～30 厘米，顶端心叶尚未散开、颜色浅绿时，用镰刀贴近地面割下枝条，放回室内阴暗处做软化处理，2～3 天后待老叶黄化腐烂，除去叶片及不可食用的老茎，根据嫩梢茎秆粗细不同分级捆成把，即可上市销售。

（作者：王海燕，昆明学院农学与生命科学学院）

茭白栽培与管理

一、概述

茭白，又称作菱瓜、菱笋、菰等，为禾本科宿根性多年生草本植物，原产于中国，在中国有3000多年的栽培历史。茭白作为一种蔬菜，早在《种艺必用》中就有记载。主要分布在长江流域及其以南的沼泽地区，其中在江苏、浙江两省的环绕太湖地带较为集中，而在北方分布较少。茭白的肉质茎由寄主植物与食用黑粉菌的共同作用形成。肉质嫩茎中含有蛋白质、碳水化合物、粗纤维，以及维生素和矿物质等营养物质，还含有18种氨基酸，营养丰富，风味鲜美脆嫩，是广大消费者喜爱的一种时鲜蔬菜。

茭白在江浙一带有"江南三大名菜之一"的美称。茭白的采收期在每年的夏季及秋季，即5~6月和9~10月，此时正是蔬菜供应的淡季，对于增加蔬菜供应品种及调节市场起到很好的作用。随着市场需求的不断扩大，全国栽培面积的不断增加，云南富民、安宁、宜良也形成了一定的栽培规模，茭白成为仅次于莲藕的第二大水生蔬菜。

茭白的根系为须根系，较为发达，根群主要分布在30厘米的土层内。在营养生长期地上茎短缩、有节并产生分蘖，成丛生状称为"茭墩"。进入生殖生长期后，短缩茎伸长，为孕茭期，此时要有黑粉菌侵入花茎寄生，产生吲哚乙酸类生长激素，刺激花茎膨大成为变态肉质茎。肉质茎长25~35厘米，粗3~5厘米。叶长披针形，叶鞘长，互相抱合，形成"假茎"。肉质茎包在假茎内，剥去叶鞘即为肥嫩的茭白。如果没有黑粉菌寄生，花茎就不会肥大，还会抽薹开花，俗称"八茭瓜"。如果肥大的肉质茎不及时采收，菌丝体就会变为黑褐色的厚垣孢子，最后成为不堪食用的"灰茭"。

图30 茭白（王海燕 拍摄）　　图31 茭白（王海燕 拍摄）

二、生长环境条件

茭白喜欢温暖的气候条件，5℃以上开始萌芽，发芽适宜温度为10～20℃；分蘖期适宜温度为20～30℃，15℃以下分蘖停止；温度在15～25℃孕茭较好，低于10℃或超过30℃就不能正常孕茭，5℃以下地上部分枯萎死亡，进入休眠期。茭白喜湿润环境，生长期间不能缺水，要根据不同生育阶段的要求调节田间水位高低。光照充足，空气流通的环境有利于植株的生长及分蘖。茭白对土壤要求不严格，以土层深厚、富含有机质、保水保肥力强的黏土或壤土为宜。为提高产量及品质，在茭白的生长过程中需要补充氮肥及磷钾肥。

三、栽培管理技术

茭白在全国多地都有栽培，目前随着栽培技术的不断发展，栽培方式变得多样化。生产上主要有露地栽培、保护设施栽培及高山栽培等。栽培季节，不同地区及品种有所差别。总的来说，一年生及多年生栽培，选择单季茭品种，种植时期是每年3月下旬至4月中下旬定植，11月底采收结束。代表品种有湖北蓼子茭、湖南麦壳茭、四川鹅笋、贵州高笋、云南绿壳茭等。两年生栽培选择双季茭品种，每年3月中下旬至4月中下旬定植，当年采收秋茭，第二年夏季采收夏茭。代表品种有宁波四季茭，云南八街茭，苏州两头早，苏州大、中、小蜡台等。云南省大多为单季茭露地栽培，主要品种有安宁绿皮茭、红皮茭、象牙茭等。

（一）繁殖方式

茭白采用分蘖、分株进行无性繁殖。传统栽培时直接把老茭墩分割成若干小茭墩进行栽培，也称分株定植。但在生产上为节省土地，培育壮苗，进一步选种，可有效提高产量。提倡栽培前进行育苗，江苏苏州地区称为磨茭秧；无锡地区称为寄秧。育苗田叫作寄秧田，也称分株育苗法。

分株育苗，种株应该选择整齐一致、结茭多、茭瓜粗壮、茎扁平，无"灰茭""雄茭"或混杂的变异植株。春季育苗于2~3月份用刀割断根茎分株繁殖。秧苗按15~30厘米株行距移栽，每塘种1~2株，为方便管理，每5~6行留1条操作道。移栽后育苗田水位深约1厘米，成活后水位提升到5~7厘米，随着秧苗生长逐步加深水位，到移栽前水位可以加深到10~15厘米。管理过程中适时进行秧田除草，秧苗成活后一个月追1次肥，在移栽前20天把茭秧下部黄叶剔除，称为拉黄叶。冬季育苗水位一般不超过3厘米，或采用塑料拱棚育苗，促进早萌发，达到早栽、早熟的目的。

（二）整地

茭瓜忌连作，最好进行水旱轮作，或者与莲藕、慈姑等水生蔬菜轮作。前作物收获后清除田间杂物，深翻晒垡，碎土耙平，结合整地施足底肥，每亩施腐熟有机肥2000~2500千克、普通过磷酸钙40千克、硫酸钾10~15千克，在翻地的同时把肥料翻入土中，混匀肥土。种植前10~15天放水泡田，耕翻耙平，水位保持在3~5厘米，达到田平、泥化、肥足。为防止田埂漏水，整平田埂，使田埂结实、壁直，放水后不倒塌。此时就可以种植。

（三）定植

茭白按种植时期可以分春季和夏秋季种植，春季种植一般在3～4月份，云南省一般清明前后种植；秋季种植大致在7～8月份。种植时苗高50～60厘米，茭苗超过50厘米要将超过部分剪除，以减少水分消耗。茭田水位保持在10～15厘米，按株行距（60～70）厘米×（70～90）厘米栽植；也可以采用宽窄行栽植，宽行80厘米，窄行60～70厘米，株距50～60厘米。栽植时把茭墩分成小墩，每个小墩有3～4个分蘖，不能伤到新根及分蘖，栽植深度要求埋入土中约10厘米，老蕻管齐地面为宜，不宜过深影响分蘖，太浅容易浮起，不利成活。

夏秋栽植，由于当年植株分蘖少，产量低，所以种植稍密，栽植时一边取苗一边分墩栽植，栽植深度约16厘米，以秧苗白色基部露出为宜。

（四）田间管理

1. 除草

茭白栽植成活至植株分蘖封行期前，结合追肥除草3～4次。采用铁齿耙在茭丛间进行薅锄，不仅可以除去杂草，而且可以增强土壤通透性，有利于提高土温及肥料利用率，促进有效分蘖。

2. 灌水

茭白属于水生蔬菜，整个生长期不能缺水，应根据生长时期的不同适时调整田间水位，做到"浅水栽播，深水活棵，浅水分蘖，中后期逐渐加深水层，深浅结合"。栽插时水位保持在2～3厘米，栽后为提高土温，促进生长发育，水位保持在10厘米左右；结茭时为促进茭白膨大洁白，水位不要超过"茭白眼"；采收后，水位降到3～6厘米。

3. 追肥

茭白追肥以有机肥为主，或者用复合肥及尿素追施。追肥时降低水位，保持浅水，把肥料撒施在植株行间。施肥后不要及时灌水，大致一星期后再灌水。

施肥要根据植株的生长情况进行，一般栽植两周后施1次分蘖肥，每亩施尿素10~20千克；当假茎发扁即进入孕茭期施1次催茭肥，每亩施尿素20千克、硫酸钾5千克，施肥过早易引起徒长，过晚结茭少而小，产量低。在每次追肥前，要撤去茭田中的水，保持较低水位，然后顺行撒施肥料，等肥料融入土壤以后，第2天重新灌水，恢复水位，这样可以提高肥料的利用率。在苗期、分蘖期和孕茭期叶面喷施0.1%~0.2%的硫酸锌，有助于促进分蘖、提高孕茭率。

4. 植株调整

茭白成活后，分蘖能力较强，尤其是第二年的茭苗，形成丛生状，应及时间苗，将小而密集的分蘖拔出，每丛留10株左右，同时在根际上压一块泥土，促使分蘖向四周生长。进入夏秋季节后"剥叶"1~2次，改善田间通风透光条件，剥除的老叶直接埋入泥中做肥料。及时清除雄茭植株，减少养分徒耗。

5. 宿根茭管理

茭白采收以后，及时把田里的残株老叶齐泥割去，只保留生长健壮的分蘖芽。割枯叶时把握的原则：分蘖力强的晚熟品种深割，分蘖力弱的早熟品种要浅割；排水良好的地块深割，常年积水的土壤浅割；长势强、薹管多、芽多的要深割，反之，要浅割。

四、病虫草害防治

茭白主要病害有锈病及稻瘟病，虫害有蚜虫、螟虫、叶蝉等。在长期连作，种植过程中氮肥施用过多，植株徒长，田间通风透光条件不好，灌水过深以及植株生长不良等情况下，容易发生病虫危害。

病虫害防治采取以"预防为主、综合防治"的原则。尽量与其他作物进行轮作或水旱轮作；加强田间管理，合理控制施肥量及水位，提高植株的抗病能力。病害发病初期可用2%三唑铜或10%氟硅唑、腈菌唑等进行防治。虫害可以使用20%（70%）啶虫脒、70%吡虫啉及溴氰菊酯、氯氰菊酯等防治。

五、采收

茭白成熟后应及时采收，不然茭白外皮纤维化程度提高后会变硬，失去食用价值。一般当叶鞘开裂、茭瓜微露、心叶变黄时就可以采收。采收时用刀从整株基部割下，去掉上部叶片，留部分叶鞘以便贮运。

采收后的茭白，如果不能及时上市销售，可以暂时贮藏保鲜。常用冷凉清水浸泡进行保鲜，一般可以保持一周左右。在 $-2℃ \sim 0℃$ 的温度，$95\% \sim 98\%$ 的相对湿度条件下进行低温贮藏，保鲜期可以延长近1个月。

（作者：王海燕，昆明学院农学与生命科学学院；朱昱璇，西南林业大学园林园艺学院2021级硕士研究生）

浅水藕栽培与管理

一、概述

　　莲藕，又称藕、莲、荷、芙蕖、芙蓉等，为睡莲科多年生草本植物，原产于亚洲南部，我国江浙一带普遍栽培，云南的澄江、富民、保山、文山等地都有栽培。莲藕是我国重要的水生蔬菜，全身都是宝，主食部分为其根状茎，鲜藕含碳水化合物高达 19.8%，并含丰富的钙、磷、铁及多种维生素，是老幼妇弱及病后康复者的良好补品。《本草纲目》中有藕"蒸煮食之，大能开胃""蒸食，甚补五脏，实下焦"的记载。藕节、莲蓬、莲子心及荷叶等均可入药，植株各部分所含的成分不同，有镇静安神、降血压、强心、止血、止泻等功能，其中藕节是有名的止血药。

图 32　浅水藕（王海燕　拍摄）　　图 33　浅水藕（王海燕　拍摄）

莲藕根为须根系，不定根，较短，着生在地下茎的各节位上，每节有20多条。莲藕的茎根据其生长的最终形态分为匍匐茎和根状茎。匍匐茎称作莲鞭或藕鞭，肥大的根状茎即藕。莲藕的叶通称为荷叶。叶片呈圆盘形或盾形，全缘，顶生。花通称为荷花。早熟品种无花或极少开花。中晚熟品种的主鞭大约自六七叶开始到后把叶为止，各节与叶并生一花，或间隔数节抽生一花。花白色或淡红色，观赏价值极高。花后结莲蓬，内有莲子，是很好的保健食品。

二、生长环境条件

莲藕喜温暖、湿润、无风而且阳光充足的环境，不耐霜冻和干旱。一般要求温度在15℃以上才萌芽生长，生长旺盛阶段要求温度在20~30℃，休眠期也要求保持在5℃以上，如果低于5℃，藕容易受冻。要求有充足光照，不耐遮阴，对日照长短的要求不严格，一般长日照有利于营养生长，短日照有利于结藕。莲藕生长，不可缺水。在壤土、砂壤土和黏壤土上均能生长，但以含有机质丰富的腐殖质土为最适宜。对氮、磷、钾三要素的要求全面，以生产藕为主的品种，要求氮肥、钾肥供应量较多一些。

三、栽培管理技术

莲藕按产品器官的利用价值可分为三个类型，即藕莲、子莲、花莲。藕莲和子莲为食用莲类型，食用其肥嫩根状茎（称藕）或莲子，我国栽培的大多为这两种类型。花莲为花用莲类型，较少结实，藕细小，品质粗劣，可供观赏或药用。浅水藕属于藕莲，适合水位一般为10~20厘米，不超过30~50厘米，优良品种有鄂莲2号、鄂莲5号、新1号等。

（一）繁殖方式

浅水藕是以无性器官繁殖为主的水生蔬菜种类，一般不采用有性繁殖。浅水藕的繁殖主要有莲籽繁殖、整藕繁殖、子藕繁殖、藕头繁殖、藕节繁殖、顶芽繁殖、莲鞭扦插等方式，但生产上一般还是采用传统的繁殖方式，即整藕繁殖，虽然用种量大，但是生长能力强，管理相对简单，容易获得质优、高产的产品。

（二）整地

富含腐殖质的肥沃土壤软滑而疏松，透气性良好，最有利于莲藕的生长；但莲藕怕风，宜选择避风、阳光充足、排灌方便、有机质丰富的微酸性或近于中性的黏质土，保水、保肥性强的水田来栽植最好。种植土壤以含有机质在 1.5% 以上，pH 值呈中性或微酸性为宜。

藕田的方向应为南北向，这样有利于藕田的灌排。藕田须在冬季深耕做埂，深耕约 50 厘米，栽藕前半月再浅耕 1 ~ 2 次，深 20 ~ 23 厘米，并反复耙透、耙平，耙后清除杂草，整平地面，以免灌水后藕田深浅不一。藕田整地要求做到深翻多耙、田平、泥烂、无杂草。凡连作的藕田应将上年老藕的荷叶、叶柄、花埂、藕鞭等残留物清除，以免在土中发酵，使新藕发黑，影响品质。还应及时整修田埂、填补坑洞，以防水肥流失。施肥以基肥为主，肥料以有机肥料为主，磷、钾肥配合。肥料结合整地施入。一般亩施充分腐熟的农家肥 4000 ~ 5000 千克，过磷酸钙 15 ~ 20 千克，硫酸钾 20 ~ 25 千克，多施堆肥可以减少藕身附着的红褐色锈斑。基肥尽量分次施用。

在每块藕田的四周筑起小埂，埂的长短应根据地块而定。一般埂高为 25 ~ 30 厘米，埂底宽为 60 厘米，埂面宽以 30 厘米为宜，做到埂与埂相互连接。

（三）定植

种藕必须具备本品种特征和特性，每支种藕不低于 0.7 千克，有 3 个以上芽的完整藕苞，并带 1 ~ 2 个子藕，无损伤，无病虫害的原种或一、二级种，最好不要用三级以后的藕做种。

将藕种放在室内或背阴处，堆高 1 ~ 1.5 米，对每堆每一层喷 1 次多菌灵或甲基托布津或绿亨一号，淋透藕种杀菌，半天后栽种。一般亩用种量 200 ~ 400 千克，不低于 300 个芽头，栽植密度为株距 0.6 ~ 1 米，株行距（1 ~ 1.5）米 ×（1 ~ 2）米。

在莲藕栽植中，排藕方式可朝一个方向，也可几行相对排列，各株间以三角形对空栽植较好，这样可使莲鞭分布均匀，避免拥挤。栽植时四周边行藕头都应一律向田内。浅水藕栽植方法有斜栽和平栽两种。栽植的深度以不飘浮或不动摇为宜，一般深 5～10 厘米。斜植法是按一定的距离扒一斜形浅沟，沟深 10～15 厘米，将种藕的藕头与地面倾斜 20～30° 埋入泥土中，稍翘出水面，以利阳光照射，提高土温，促进萌芽。平植法是将种藕水平埋入土中，覆土以盖没藕身及藕芽为准，以利于生根，并将顶芽压紧。栽时田中保持 3～5 厘米的浅水，从田中向两边退步栽植，栽种结束后随时抹平藕身覆泥和脚印。

（四）田间管理

为了获得优质高产的产品，栽培管理上，必须尽量满足莲藕各个生长时期对外界环境条件的要求。在莲藕生长期中，田间管理主要有调节水位、追肥、中耕除草、调整藕鞭、摘叶、曲折花蕾、防风、防冻等技术措施。

1. 调节水位

水位的深浅会影响水温和地温，要根据莲藕生长时期来调节水位，以满足莲藕生长发育的需要。莲藕不同时期对水温的要求不同。水温在 21～28℃ 的为莲藕生长发育最适宜温度，水温在 15℃ 以下时，种藕的生长就停滞，水温过高则不利于莲藕生长。因此莲藕田水位的深浅，应根据植株生长情况及天气变化而定。

在莲藕栽植初期应保持 3～6 厘米的浅水，提高土温，促进发芽。荷叶长出后到结藕前，水位须适当加深到 15 厘米左右，太深会导致植株生长柔弱，太浅会引起倒伏。结藕期水位宜浅，以 5～10 厘米为宜，利于结藕。因此，灌水应掌握"由浅到深、再由深到浅"的原则，尤其要注意水位不能太高，淹没立叶，造成减产。

2. 追肥

施肥一般以基肥为主，基肥约占全期施肥量的 70%，追肥约占全期施肥量的 30%。在以基肥为主的情况下，在不同生长时期需分次追肥 2～3 次。

莲藕生长出 2～3 个立叶时，结合除草追施第一次肥，以促进植株旺盛生长，此次俗称提苗肥，亩施尿素 15 千克，还可以采用农家肥、绿肥、蒿枝、豆秆等踩入田内，全田施肥；第二次追肥在封行前进行，每亩施复合肥25～30千克，重点施在藕田的四周及长势差的地方；第三次追肥在开始结藕时进行，即后栋叶出现时每亩施尿素10千克，复合肥25千克，缺钾土壤还应补施硫酸钾15～20千克，全田撒施，这一次俗称催藕肥。在终止叶出现后，可适当喷施磷酸二氢钾等肥料来提高产量。

追肥应选晴朗无风的天气进行，但不可在烈日的中午进行。每次追肥前应放浅田水，让肥料吸入土中，然后再灌至原来的水位。追肥时尽量减少入田次数，田块较小的在田埂四周集中撒施，田块过大的先施藕田中间，然后上埂补施四周。每次追肥后泼浇清水冲洗荷叶。

3. 中耕除草

栽植后半个月左右出现浮叶时，就要开始中耕除草，中耕除草的次数应根据莲藕的生长情况和杂草多少而定。在杂草多的情况下，每10天左右除草1次，以保持藕田水面的清洁，除草也起到松土的作用。在每次除草时应放浅水，用脚轻踏一遍，将除掉的杂草随即埋入泥土中，沤烂作绿肥。有条件的可结合中耕除草进行一次"踏青"，既能增加有机肥料，又能疏松土壤。但在杂草不多的情况下，中耕除草一般只进行2～3次，至荷叶布满水面为止。地下早藕已开始坐藕时不宜再中耕除草，以免碰伤藕身。中耕除草时应注意在卷叶的两侧进行，勿踏伤藕鞭和折断藕叶。

4. 调整莲鞭

种藕栽植后不久就抽生莲鞭，并分枝发叶，有的莲鞭向田边伸展，须随时将其转向田内，以免伸入邻田。如田中的莲鞭过密，也可适宜转向较稀疏的地方，以使全田莲鞭分布均匀，增加产量，这项工作称为转梢或回藕，一般我们称为转藕头。

5. 摘叶、折花

（1）摘浮叶。

当藕叶布满藕田时，须将遮蔽在立叶下层的浮叶摘除，浮叶会使藕叶得不到充分的阳光，不能进行同化作用，反而呼吸消耗养分，因此必须将浮叶摘除。摘除浮叶，既可保持藕田通风透光，又能使阳光透入水中，能提高水温、地温。

（2）摘老叶。

将衰老的早生立叶摘除，一般健壮的立叶不可摘除，否则会影响产量。当新藕已充分生长成熟，叶片尚完好时，可采下叶片晒干，供包装或制作工艺品用。

（3）折花梗。

为了减少开花结子消耗养分，现蕾后可将花梗曲折，但不可折断，以防止雨水自断处浸入底部藕内，造成烂藕。

6. 防风

莲藕叶片很大，叶柄细，容易被风吹断，但莲藕种植需要保持相当的空气湿度。不少植藕地区，在藕田周围间作或混作高大的茭白和蒲草，不但在防风方面起到了良好的效果，而且保持了较高的空气湿度，以利于莲藕的生长。

7. 防冻

在枯荷后，如留种到次年，应保持一定深度的水层，以防止土壤干裂，在寒冬冻坏地下茎。还可避免田水干涸后土壤变硬，难以挖藕和产生鼠虫危害。

四、病虫草害防治

莲藕主要病害有莲藕腐败病、莲藕褐斑病、莲藕褐纹病、莲藕炭疽病、莲藕叶疫病、莲藕花叶病毒病等。

防治措施：与水稻等禾本科作物实行 2～3 年轮作，选用无病藕留种，收藕后及时清除病残体，集中烧毁；选用无病的藕田留种；栽前实行冬耕晒垡，对准备栽藕的田块，在冬季尽可能排干田水，进行耕翻，到春季栽前再耕一次晒垡；避免偏施氮肥，合理施用氮、磷、钾肥，以增加植株抗病能力。发病初期可以采用烯唑醇、福星、腈菌唑喷雾等防治。

莲藕主要虫害有食根金花虫、蚜虫、斜纹夜蛾等，可用 2.5% 的溴氰菊酯 2000 倍稀释液或 20% 的氯氰菊酯 2000～3000 倍稀释液等防治。

五、采收

浅水藕可以采收嫩藕和老藕两种，嫩藕可生食，老藕淀粉含量高，适于加工后食用。早熟品种嫩藕 7 月就可采收，待 10 月藕充分成熟，即可开始采收老藕，一直可采收到第二年清明前。老藕可以在土中安全越冬，但在春季萌芽前一定要采收结束，否则萌芽后部分营养供给芽的生长，藕的品质会降低。

挖嫩藕时，首先要确定藕的生长位置与方向。藕的方位是在后栋叶和终止叶直线的前方，嫩藕的采收都是在水中进行的。采收时用手扒泥，将藕身下面的泥扒空，然后沿着后栋叶的叶柄向下折断莲鞭，慢慢将整藕向后拖出来。老藕的采收可以放干田水或将水排浅，扒开表面的泥土露出藕身，再用手或锄刨挖，产量比嫩藕高。在冬季藕田需要保持 5 厘米左右的水位，防止霜冻出现造成烂藕减产和影响出苗。

（作者：王海燕，昆明学院农学与生命科学学院；朱昱璇，西南林业大学园林园艺学院 2021 级硕士研究生）

芝麻菜栽培与管理

一、概述

芝麻菜，又称作紫花南芥、臭菜、臭芥、云芥、臭萝卜、香油菜等，属十字花科芝麻菜属草本植物，因具有浓烈芝麻香味而得名。原产地欧洲北部、亚洲西部及北部、非洲西北部。中国西北、东北、华北等地有野生种分布。云南大理有着悠久的芝麻菜栽培历史，芝麻菜是云南大理的一种特色蔬菜。

图 34　芝麻菜（王海燕　拍摄）　　图 35　芝麻菜（王海燕　拍摄）

芝麻菜的嫩叶、嫩茎都可以食用。清香味美，风味独特，诱人食欲，可以做沙拉、炒食、做馅、做汤、蘸酱等；芝麻菜有很好的食疗价值，有兴奋、利尿和健胃的功能，中药上将其种子称为"金堂葶苈"。医学研究发现芝麻菜含有较强的防癌、抗癌等活性物质。种子榨出的油可作调料或医药用，有缓和、利尿的作用。

随着人们对芝麻菜食用价值的认可，其栽培面积不断扩大，云南大理的芝麻菜也已成为当地特色香辛蔬菜。

二、生长环境条件

芝麻菜适应性强，有一定的耐旱、耐瘠薄、耐盐碱能力。喜欢温暖、湿润的气候条件，生长适宜温度为 15～20℃，低于 10℃生长不良。在高温干旱条件下，叶片辛辣、苦涩味加重。芝麻菜是一种喜光植物，光照充足时生长速度快，品质好，但在夏季高温强光季节应适当遮阴。对水分的要求较高，生长过程中应保持土壤湿润，适宜的土壤相对湿度为 70%～80%。以疏松、肥沃，通气性好的壤土或砂壤土为宜。氮、磷、钾营养合理，适当补充铜、铁、锌等微肥，有利于提高产量及品质。

三、栽培管理技术

芝麻菜生长周期短，全年可以分期、分批排开播种，分批上市。播种时期因各地气候不同有差异。南方地区全年都可播种，但以春季 3～5 月份和秋季 8～10 月份播种为主。北方地区 4～5 月份和 8 月份左右分期播种。秋播过晚容易抽薹。

（一）繁殖方式

芝麻菜的繁殖主要以种子繁殖为主。芝麻菜品种类型根据叶片形状分为板叶和花叶两种，目前主要有花叶芝麻菜、板叶芝麻菜、东北芝麻菜及野生芝麻菜等品种。

（二）整地

芝麻菜不宜与十字花科蔬菜连作，对土壤及耕作要求较高，选择疏松肥沃、排灌方便的壤土或砂壤土、水源清洁的地块种植。播种前深翻晒垡，施足底肥，每亩施腐熟有机肥 2000～2500 千克、三元复合肥 50 千克，精细整地，混匀肥土，耙平地块，做到土细、畦平、肥足。然后做高畦种植，要求畦面宽 1.0～1.3 米，沟宽 30～40 厘米，沟深 30 厘米。

（三）播种

芝麻菜采用大田直播，可以撒播或条播。条播行距20厘米，播种沟深2厘米，将种子均匀撒播在播种沟，盖土耙平就可以了。种子细小，每亩用种子1～2千克。无论撒播还是条播，为使种子播得均匀，播种前将种子与2～3倍的细土或沙拌匀，播种2次，然后盖一层细土或用遮阳网覆盖。为促进种子发芽，可以在播种前先浇透出苗水后播种，然后覆上遮盖物保温保湿；也可以在播种后浇透水，浇水时为避免把种子被冲落入深层中或使土壤板结不易出土，采用喷壶或水瓢轻浇，避免大水漫灌。

（四）田间管理

1. 间苗定苗

出齐苗后，及时撤去覆盖物，适时浇水，保持土壤湿润。当植株有3～4片真叶时，拔出弱苗、病苗，按株距20厘米定苗。拔出的幼苗可以食用，间苗时可结合采收进行。

2. 中耕除草

在间苗的同时进行浅中耕1次，以后结合植株生长需要再中耕1～2次，中耕时注意除去田间杂草。

3. 肥水管理

芝麻菜对水分的要求较高，生长期间需要保持土壤湿润。根据生长时期的不同，合理灌溉，采用小水勤浇，避免大水漫灌，浇水结合施肥进行。雨季注意排水，以免畦面积水形成涝害。

采收嫩茎叶为主的，主要施氮肥。一般在出齐苗，具有2片真叶时追施1次，每亩用尿素5千克兑水浇施；以后每隔7～10天施1次，每亩用尿素10千克。采收种子为主的，在施氮肥的基础上补充磷、钾肥。每亩用硫酸钾7～8千克，开花期可叶面喷施磷酸二氢钾及硼肥，7天左右施1次，促进生长。

四、病虫草害防治

芝麻菜不容易受病虫危害。近年来随着栽培面积的扩大，菌核病、叶斑病发病逐渐严重。发病时可以用25%多菌灵可湿性粉剂进行防治。虫害主要是蚜虫、黄曲条跳甲、小菜蛾，可以采用70%吡虫啉等进行防治。

五、采收

芝麻菜可以整株采收，或者采收外叶、花薹及种子。整株采收的，一般株高20～25厘米，整株连根拔起；采收嫩茎叶的，可以多次采收，采收时留1厘米的茬，避免把短缩茎割掉；收获种子的，应在角果成熟后在早晚整株采收，晾干脱粒后，在通风干燥处贮藏备用。

（作者：王海燕，昆明学院农学与生命科学学院；朱昱璇，西南林业大学园林园艺学院2021级硕士研究生）

娃娃菜栽培与管理

娃娃菜是十字花科芸薹属白菜亚种中的一个新品种，株形小巧玲珑，口感清甜脆嫩，营养丰富，烹饪加工方式多样，深受广大消费者喜爱。

图36　娃娃菜（云南凯普农业投　　　图37　娃娃菜大棚
　　　资有限公司　供图）　　　　　　　　（赛立馨　供图）

娃娃菜耐寒性好，生长适宜温度为15～25℃，在发芽和幼芽期要求温度稍高。它的肉质直根肥大而粗壮，侧根发达。对土壤要求较严，适宜在土层深厚、肥沃、保水保肥力强的土壤中栽培。

由于娃娃菜生长周期短，生育期只要 45～65 天，并且可以小包装净菜上市，便于长途运输，因此销售区域、周期较灵活，风险相对较低，能产生理想种植的经济效益。同时适种区域广，全国南北地区均可种植，而在海拔高的地区，春秋季种植品质最佳，现属于国内推广前景较为好的名优特菜品种之一。

且因为其株型小，可以密植，根据品种差异，栽培密度可为 0.8～1.1 万棵，收获后平均收入 4000 多元，是大田作物小麦收入的 7.1 倍。

二、栽培管理环境条件

（一）温度

娃娃菜较耐寒，适宜在相对冷凉的生长环境条件下栽培，温度在 25℃左右时发芽状况较理想。为避免出现抽薹，播种或定植时气温必须在 13℃以上。幼苗期略耐高温，至叶片和叶球生长期需注意温度控制在 15～20℃，气温低于 10℃则会让菜型松散，甚至冻伤，高于 25℃又容易诱发病虫害的传播。

（二）光照

娃娃菜属长日照作物，喜光照，不用经过较长的低温期就能通过春化阶段，在高温、长日照的条件下会抽薹开花。

（三）水分

娃娃菜在营养生长期间喜欢较湿润的环境，但是耐旱性与耐涝性不佳。如果水分不足则导致生长不良，组织硬化，纤维增多，品质差。如果土壤水分过多则造成腐根烂根现象，影响根系吸收养分和水分，造成生长不良。

（四）土壤

栽培选择在土壤结构疏松、理化性质良好、透气性好、耕层深厚、土壤肥力较高、排灌方便的地块种植，土壤 pH 值以 6.5～7.5 为宜。

（五）营养

娃娃菜总体需肥量较多，植株生长前期对氮肥需求量大，磷肥次之。到了叶球形成期，对氮肥和钾肥需求量增多，其吸收氮、磷、钾比例为 1：0.4：1.1。

（六）种植季节

娃娃菜适宜在春、秋季露地种植，应排开播种，分批采收，可以确保错时收获，从而均衡上市。在温室和大棚内栽培生长周期还能延长。

1. 春季温室种植

在室内温度条件下，可以在 1 月中旬育苗，2 月中、下旬定植，也可在 2 月初直接播种，4 月中、下旬采收。

2. 春季大棚种植

大棚内种植可以于 2 月上旬在温室条件下育苗，3 月上旬定植于大棚内，或 3 月初直接播种，4 月底至 5 月初采收。

3. 春季露地种植

春季露地直播最佳时期为 3 月底至 4 月初，在 3 月上旬至中旬进行育苗移栽。直接播种育苗亦可。4 月上旬定植，5 月底至 6 月初采收。

4. 夏秋季露地种植

夏秋季可在 8 月中、下旬直接播种，10 月上中旬采收。

5. 秋冬温室种植

9 月下旬至 11 月上旬直接在温室内播种，11 月至次年 2 月采收。

我国其他地区的播种期根据气候条件和消费需求而定。如浙江及苏南地区于 3 月中、下旬播种，内蒙古于 5 月播种，张家口坝上地区于 6 月中旬播种，云南地区播种季节为 10 月至翌年 2 月。

三、栽培管理技术

（一）繁殖方式

1. 播种育苗

种植 1 亩娃娃菜需苗床 65～80 平方米，用种 50～60 克。

播种前需将前茬残株、杂草清除干净，运出棚外集中进行无害化处理。随后，每亩施用腐熟过筛有机肥 2000 千克，精细整地，耙平后做成长 6～8 米、宽 1.5 米的畦，按 10 厘米的行距划沟播种，覆土后浇足水。

娃娃菜出苗后,需适时间苗 1 ~ 2 次,并结合中耕松土,待长出 3 片真叶时定苗,株距 8 厘米。

做好苗床温度管控,白天温度控制在 18 ~ 22℃,夜间温度控制在 10 ~ 12℃,长出 3 片真叶后及时追肥浇水,并保持充足的光照。有 5 ~ 7 片真叶时即可定植。

夏秋季节采用直接播种的方式,每亩用种 100 ~ 150 克。

2. 选用良种

目前有 4 种杂交一代品种表现较好,农户可根据品种特性,结合本地的天气土壤状况,优选最佳品种进行种植。

(1)京春娃娃菜:北京市农科院蔬菜中心育成。外叶绿色,叶球合抱,球叶浅黄色,株型较小,适于密植,包球速度快,品质佳,定植 45 ~ 50 天后可采收,抗病毒病、霜霉病和软腐病,耐抽薹性强,适宜春季种植。

(2)金童娃娃菜:从韩国百通公司引进。外叶浓绿色,内叶金黄色,叠抱型结球紧密,商品率高,口感好,品质佳;外叶直立适宜密植,抗病性较强,定植 40 ~ 45 天后可采收,适宜春秋季种植。

(3)夏娃:香港高华公司育成。耐热,耐湿,早熟,播种 55 天后采收,株型直立,适宜密植,叶片绿色,心叶黄色,结球紧密,口感好。抗病毒、根肿病,适宜夏秋季种植。

(4)京夏娃娃菜:北京市农科院蔬菜中心育成。播种 45 ~ 50 天后采收,耐热,耐湿,包心早,株型小,适于密植。外叶深绿,叶面皱,质地柔软,无毛,叶球拧抱,球叶浅黄白色,品质佳,高抗病毒病和霜霉病,抗软腐病,适宜在夏秋季种植。

(二)建园

将前茬残株、杂草清除,集中进行无害化处理。

每亩施用腐熟、细碎的有机肥 2500 千克以上,耕耙平整后按 50 ~ 55 厘米的间距做成瓦垄高畦(砂质土壤则做成平畦),畦长 6 ~ 8 米。

（三）定植

每畦定植 2 行，平均行距 25 ~ 28 厘米，株距 23 厘米。每亩以定植 8000 ~ 10000 株为佳。定植时夜间气温要在 13℃左右，以防早期抽薹。

保持合理的种植密度，有利于形成较小叶球，提高成品蔬菜品质，最适密度能产生最大收获量，从而提升经济收益。

注意不要栽植过深，栽后及时浇水。

露地栽培时，可扣盖小拱棚，有利于提早采收。

（四）田间管理

1. 温度管理

采用温室、大棚栽培时，夜间温度保持在 13℃以上。前期在保温的基础上，每天要适当进行通风换气以除湿，湿度降低可以降低霜霉病的传播概率；中后期夜间注意保温，白天则要特别注意通风降温和除湿，白天最高气温维持在 25℃左右。

露地采用小拱棚栽培的，随着气温回升，需逐步加大通风量，待最低气温升至 13℃以上时可撤去薄膜。

2. 肥水管理

娃娃菜需肥量偏大，但是也不宜大肥大水，前期还要适当控制肥水量，防止植株徒长。植株密度过大，会导致空气湿度过大而增加发病率。

为了提高地温，在撤膜前不宜过多浇水，包心期应确保勤浇小水，满足水分供应。

追肥分两次进行，缓苗后每亩开穴追施腐熟有机肥 500 千克或三元复合肥 20 千克，进入结球期后，每亩再开穴或随水追施三元复合肥 25 千克。

生长期间叶面喷肥 3 次，可用 0.3% 浓度的磷酸二氢钾加 0.5% 浓度的尿素混合喷施。

3. 中耕除草

缓苗后和以直播种植方式的娃娃菜，至幼苗期以及小拱棚撤膜后，就要及时中耕松土，以提高地温，促进根系发育，并随时除去杂草。

四、病虫草害防治

防治原则：综合防治，以物理防治、生物防治和农业防治为主，化学防治为辅。

秋季种植的娃娃菜，生长前期温度较高，容易滋生蚜虫、小菜蛾、软腐病等，种植者需要有针对性地进行防治。

小菜蛾可以使用 1.8% 的阿维菌素乳油 3000 倍溶液进行喷施防治。蚜虫可以使用 20% 的氯氰菊酯乳油 3000 倍溶液喷施防治。软腐病可以使用中生菌素喷施。每隔 1 周喷施 1 次，连续喷施 2 ~ 3 次。

五、采收与应用

（一）采收

当娃娃菜叶球纵径约为 15 厘米，最大横径为 7 厘米，中部稍粗，单球重量为 100 ~ 150 克时，要进行及时采收，叶球过大或过于紧实易降低商品价值。

采收时，整株采收，随后将整棵菜连同外叶运回冷库预冷储藏，包装前再按娃娃菜商品标准大小剥去外叶，每包装 4 个小叶球。

娃娃菜的包装和运输应在冷藏条件下进行，以便达到保鲜和延长货架寿命的目的。

（二）应用推广

娃娃菜的应用以食用为主。娃娃菜口感清香脆嫩，不像青菜、芹菜、薄荷等蔬菜有特异性气味，所以适众极广。娃娃菜富含维生素和硒，且叶绿素含量较高，营养丰富。另外其热量低，有养胃生津、清热去火、滑润肠道的功效，适合各类体质人群食用。

在烹饪料理上，娃娃菜可烹制的菜式多样，而且都简单易学，做主菜、配菜、热菜、凉菜均可，常见菜谱如上汤娃娃菜、干锅娃娃菜等，也是火锅必点菜肴之一，深受广大消费者的喜食。

相较于白菜，娃娃菜口感更加鲜嫩，品质好，但价格较高，所以农户种植娃娃菜的收益较好。

同时，娃娃菜的市场需求量稳定、价格波动性较小，只要做好规范种植，就能具备较强的抗风险能力，所以是不少种植户喜欢种植的蔬菜之一。

（**作者**：赛立馨，昆明市农业广播电视学校；张永生，楚雄州动物疫病预防控制中心；黄文，楚雄州乡村产业发展中心）

甜玉米栽培与管理

一、概述

甜玉米，又称蔬菜玉米、水果玉米，是普通玉米的一个变种，按含糖量划分为普通甜玉米、超甜玉米和加强甜型甜玉米。果实有白色、黄色、黄白相间、纯白色四种颜色，果实成熟后有绿色的外皮。品种有华宝甜8号、华珍、金中玉、脆珍、金翠玉等，云南种植品种有美甜1号、绿色巨人、库普拉，双色先蜜、金卡系列、金中玉等。

甜玉米茎秆直立、粗壮，一般高2~2.5米，直径2~5厘米，节间粗度自茎基部向顶端逐渐变小。茎秆两侧生叶，叶片又长又窄，呈扁平状，长40~60厘米，宽4~8厘米，前端渐尖，叶片呈暗绿色，两面带纤毛，花为雌雄同株异花，雄花着生于顶端呈穗状，雌花花穗腋生，顶上有紫红色的雌蕊的花柱呈软毛状下垂。

图38 甜玉米（赵爽 拍摄）

图39 甜玉米果实（赵爽 拍摄）

　　甜玉米含有多种维生素和矿物质元素，是营养丰富、天然健康的食品。含糖量可达 16%，为稻米、小麦的 5 ~ 10 倍。减肥瘦身可食用甜玉米，易让人产生饱腹感。甜玉米含有丰富的植物纤维，能刺激胃肠蠕动、加速致癌物质和毒素排出体外，有防癌抗癌的作用；甜玉米中含有的叶黄素和玉米黄，有明目、缓解黄斑变性的作用；所含的维生素 B，可以缓解紧张的情绪；甜玉米还有降血压、降血脂、降胆固醇的功效，可以预防心脑血管疾病的发生。

　　甜玉米皮薄、汁多、质脆而味甜，可生吃或熟食，也可加工食用，经济价值较高。加工包括速冻加工、脱水加工、罐头加工和初级加工。加工甜玉米，能提高甜玉米产品附加值，延伸产业链，为甜玉米产业提供更广阔的前景。甜玉米加工可制作成八宝粥、汤料、冰激凌、水饺等食品，还可用作调料包、汤料包的原料。在国际市场上畅销的玉米罐头每吨价格可以高达 1000 美元。甜玉米种植效益可比普通玉米高 3 倍以上，有些地区一年种植两茬甚至全年都种植，经济效益更为可观。

二、生长环境条件

　　甜玉米为喜温作物，其生长发育要求较高的温度，日平均气温在 12℃以上，适合播种，种子发芽出苗要求土温在 12 ~ 15℃，适宜温度范围为 12 ~ 38℃，低于 10℃发芽慢，出苗后低于 -4℃会被冻死。苗期、拔节期，生长温度不能低于 10℃，以 18 ~ 20℃为宜，昼夜温度过低，会延长生育期；孕穗、抽雄期适宜温度范围为 17 ~ 35℃，以 24 ~ 26℃为宜；灌溉期以 24℃左右为宜。甜玉米系短日照作物，在短日照（8 ~ 10 小时）条件下可以开花结实，开花时要求光照充足，空气相对湿度低。甜玉米生长期间需要较多的水分，年降雨量以 500 ~ 1000 毫米为宜，尤其在抽穗前后一个月内，应有 150 毫米雨量，否则影响籽粒的饱满和产量。甜玉米对土壤适应范围较广，但选择有机质丰富、土质疏松、耕作条件好、排灌方便的砂壤土，pH 值为 6.5 ~ 7.0 的地种植，可以得到更好的产量和效益。施肥要施足底肥，及时追肥。基肥以有机肥为主，并结合施用无机肥。

三、栽培管理技术

（一）繁殖方式

甜玉米的繁殖方式为播种。甜玉米播种采用直播或育苗移栽。其中地膜覆盖直播主要有覆膜后打孔播种和播种后覆膜两种方式。当幼苗出土时及时破膜将苗引出膜外，播种时注意深度、覆土厚度和镇压强度要一致，播种要浅播，深度以 2～3 厘米为宜，易被鼠食的地区周围撒杀鼠诱剂。育苗方式有穴盘或营养钵育苗。采用育苗移栽的于 2 叶 1 心时定植。选择具有较好商品性能、高产、优质的品种。选种时要选择通过国家审定或省级审定的从正规种子公司购进的适应强、抗病、优质、高产的品种，还要根据当地气候条件、海拔高度等生态条件和市场要求，依据生产目的，科学选择适宜本地种植的、抗当地主要病虫害的适销品种。为促进作物种子发芽，提高种子出苗率，播种前要进行种子处理，剔除坏种，将秕粒、碎粒及杂质除去，在阳光下晒种 2～3 次，不要暴晒，杀灭种子表面细菌，以提高种子生产力。还应用稀土稀释液浸种、拌种，增加出土力。

甜玉米的最佳播种期一般为 4 月下旬至 5 月上旬，最晚是 6～7 月。采取地膜覆盖技术可提早 10～15 天播种；采用薄膜育苗移栽技术，可提早 20 天播种。播种时土壤水分要充足，每穴播种 2 粒，播种要深浅一致，适当浅播，播种深度 3～5 厘米。然后用细土覆盖，以保证全苗。

（二）整地

整地是保证全苗的前提条件，也是保障高产稳产的重要环节。整地包括前茬处理、翻地、深耕、松土、施底肥等作业。在前茬作物收获后，用旋耕机深翻

图 40　甜玉米整地

2次，深犁20厘米，使土壤疏松。开沟作畦，畦面宽80～90厘米、沟宽25～30厘米、沟深30厘米。畦面土块整成细碎颗粒状，上虚下实，做到深耕细耙、土细沟直。同时结合整地施足底肥，将肥料全部翻入18厘米左右深的耕层中。一般每亩需施腐熟农家肥1000～1500千克，过磷酸钙30千克，尿素10千克，氯化钾10千克，再施加适量微量元素肥料。

（三）定植

采用育苗的一般在播种后7天，即2叶1心时定植。定植前对大小苗进行分类，按大小苗分片种植，种植时不能种得太深，要合理安排田间种植密度，直播和育苗的甜玉米按行距40～60厘米、株距30～35厘米定植，一般每亩种植3500株左右，这样有利于增加单位面积鲜穗产量，提高单株商品穗质量。甜玉米要隔离种植，不能

图41　甜玉米定植

与普通甜玉米、糯玉米混种。甜玉米种植必须与其他类型的玉米隔离400米以上。如果距离不够，也可进行时间隔离，避免两类玉米花粉相遇。两个不同品种的玉米播种期间隔应在20～25天。

（四）田间管理

1. 查苗补缺

甜玉米出苗后及时查苗补缺。长到3个叶片时要间苗，进行除苗处理，去弱苗、病苗，留健壮苗。长到5～6个叶片时要及时定苗，每穴留1株壮苗。每亩可追肥尿素6～8千克，同时中耕除草，改善幼苗的生长环境。

2. 除分蘖去多穗

甜玉米苗期易发生分蘖，应及时去掉。如果不及时去除，分蘖会与主茎穗争夺养分、水分，会影响主茎的生长，降低商品品质，

甜玉米分蘖力强，易产生多穗，必须除去多余的小穗，只保留最大穗，才能够生产出高品质、高合格率的果穗。

3. 及时追肥

在施足基肥的基础上，生长期追肥 2 次即可。第 1 次是在 7 片叶时中耕追肥。每亩追尿素 5～10 千克。第 2 次是在喇叭口期，施肥量应适当增加，大喇叭口期每亩再追施尿素 10～15 千克。追肥时结合浇水。适当提高钾肥用量，可以提高营养物质含量，改善品质。

4. 科学用水

甜玉米需水多但不耐涝，出苗期间应保持土壤湿润，不要渍水或受浸。甜玉米需水关键时期是抽雄前后和灌浆期，要及时浇水，保持地皮不干。特别在抽雄前 10 天和后 10 天不能缺水，若干旱，须灌深水 2 次，以保证穗期对水分的需求。暴雨后则要排水。

5. 中耕除草

因甜玉米发苗较慢，易受杂草危害，需要进行中耕除草。中耕除草时应按照一深一浅的原则。一般为 6～8 片叶时深中耕 10 厘米左右；拔节以后浅中耕 3 厘米左右，将沟底泥土培植到植株两旁，提高植株抗倒能力，还能够起到保湿保肥和利于排灌的作用。

四、病虫草害防治

病虫草害是甜玉米栽培中不可避免的问题，要坚持以"预防为主、综合防治"的植保方针，严禁施用高毒高残留农药，选用低毒、低残留农药或生物农药。采用农业、物理、生物等综合防治方法，尽量少用化学防治方法。甜玉米病虫害重点防治玉米螟、蚜虫、纹枯病、大斑病、小斑病等病虫害。玉米田草害农业防除可采用合理轮作、人工除草等方式。草害主要防治马齿苋、野苋菜、马唐、光头稗、牛筋草、鸭跖草等。

五、采收

甜玉米的采收时间要适宜，过早过晚都影响品质。采收过早，籽粒干，营养价值低；采收过晚，果皮变硬，口味不佳。一般来说，甜玉米最佳采收期为授粉后 18 天左右。一般当果穗吐丝变蔫后 20~25 天，手掐籽粒流出浓稠果浆时，果穗含糖量最高，果皮最薄，风味最佳，适宜采收。甜玉米采收后应在通风、干燥、卫生的条件下储藏，但不宜长期贮存，有条件的应立即上市或进入加工阶段。

（**作者：赵爽，昆明市农业广播电视学校**）

花生栽培与管理

一、概述

　　花生是重要的油料作物之一，它的花开在地上，果实长在地下，结果需要在黑暗的土壤环境中进行，所以人们又称它为"落花生"。同时，因为花生具有丰富的营养价值，又有"长生果"一类的美称。

图42　采收时的花生

　　花生的果实为荚果，形状有串珠形、蚕茧形和曲棍形。一般来说，蚕茧形的荚果多的有2粒种子，曲棍形和串珠形的荚果种子稍多，一般在3粒以上。花生的果壳颜色根据品种和土质的不同而有差异，一般有黄褐色、黄白色、黄色、褐色。打开果壳便是花生米或花生仁，由种皮、子叶和胚三部分组成。种皮为浅红色或淡褐色，种皮内为两片子叶，呈乳白色或象牙色。

图43　剥壳后的花生

　　花生果实营养价值高，内含丰富的蛋白质、维生素和脂肪。花生脂肪含量可达40%，蛋白质含量可达36%，花生中还含有丰富的维生素 B_2、维生素 A、维生素 D、钙和铁等。花生油中含有大量的亚油酸，它能够降低胆固醇，花生蛋白中含十多种人体所需的氨基酸，氨基酸能够健脑益智。花生含钙量高，有利于儿童骨骼发育。花生中的锌元素能够激活中老年人脑细胞，延缓人体衰老。花生可以榨油，还可以做成各类零食小吃，有很好的种植效益。

二、生长环境条件

花生为喜温作物，它的生长发育适宜较高的温度，25～27℃是花生种子发芽出苗的最适温度，不能低于12℃，苗期生长的适宜温度为25～35℃。适合花生栽种的土壤要有良好的通透性，要选择耕作层疏松、活土层深厚的地块。花生不耐盐碱，最好选择中性偏酸、排水和肥力特性良好的砂质土壤。尽量避免选择2年内种植过花生的土地。花生总的需水趋势是"两头少、中间多"，即幼苗期少，开花下针和结荚期较多，生育后期荚果成熟阶段又少。

三、栽培管理技术

（一）繁殖方式

花生的繁殖方式为种子繁殖，即播种。在种植花生时，根据当地气候、市场、土壤等实际情况选择优良的花生品种，才能达到提升产量、提高经济效益的目的。优质花生种子一般饱满圆润、大小适中、整齐一致，注意选择抗性与当地病虫、旱涝等一致的品种。高抗品种适用于青枯病高发地区，结果集中、成熟性一致的品种适宜机械收获程度高的产区。剥壳前进行晒种2～3天，播种前10～15天剥壳。挑选出光滑均匀、没有虫害的优质种子，按籽粒大小分级保存、播种。拌种务求均匀，拌种剂和种子比例一般为1∶50，混合均匀后再播种。

花生的播种方法有薄膜覆盖播种和露地播种可人工点播或机械播种。机械播种适用于大面积栽种花生，能够节约人工成本，提高播种效率。一般花生的播种深度以5厘米左右为宜。露地栽培深度在3～7厘米之间。4月中下旬至5月上旬宜进行花生播种，地膜覆盖可适当早播，3月中下旬即可播种。环境温度要求在15℃左右为最佳温度，切记温度低于11℃千万不要播种，防止出现烂种死苗现象。选择种植时间时还要检测土壤中的墒情，若土壤干旱，在播种前要注入水分后再进行花生种植。

图 44　花生播种

（二）整地

选好地块后，需要进行深耕整地，使土壤充分熟化、疏松。在上一轮作物收割完成后对土壤进行灭茬秋翻等操作，可以将土壤深翻3～4次，同时要确保土壤含水量适中、排灌方便，然后施足底肥。在整地过程中加以施肥，使肥料和土壤均匀混合，以绿色农家肥为主，每亩可施入腐熟的农家肥2000～3000千克或施入复合肥300千克左右。

起垄种植可以更好地灌溉花生，有助于排水和防涝，还便于进行机械化操作，是提高花生产量的一项成功经验。春花生起垄时间在3月下旬至4月中上旬。夏花生随整地随起垄。一般来说，垄高8～15厘米，垄沟宽30～40厘米，具体可根据地形和种植行数而定。

（三）定植

花生种植时必须考虑种植密度，这样能使花生根系生长空间足，能够有效吸收营养，保障生长质量。一般大花生每亩8000穴左右，小花生密度每亩10000穴左右，每穴2粒种子即可。在播后10～15天要尽早调查苗情，出现缺苗要及时催芽补种，也可移苗补种，在花生出土后真叶展开前用备用苗补缺。补苗多采用育苗移栽的方法，补苗时要保护好根部。

（四）田间管理

1. 苗期清棵与培土

清棵蹲苗是一项田间管理的有效的增产技术。据试验，清棵的比不清棵的增产 12.9% ~ 23%。清棵蹲苗在花生出齐苗后第 1 次中耕时进行，用小铲或小手锄将幼苗周围的土扒开，使两片子叶和对侧枝露出土外。

在花生生长发育阶段，通常进行 3 次中耕培土。要掌握"头锄浅，二锄深，三锄不伤根"的原则。第 1 次中耕在苗期进行。中耕宜浅，以 2 ~ 3 厘米为宜，主要目的是疏松土壤表层，除净杂草。第 2 次中耕在根瘤形成期进行。为了充分发挥根瘤菌作用，中耕深度为 5 ~ 7 厘米。第 3 次中耕在花期进行，中耕深度为 4 ~ 6 厘米，不要损伤果针。

2. 科学施肥

庄稼一枝花，全靠肥当家。花生施肥要有机肥和无机肥配合施用。以有机肥为主，辅以无机肥。施足底肥，适当追肥。遵循"壮苗轻施、弱苗重施、肥地少施、瘦地多施"的原则。常用的肥料种类有硫酸钾、磷酸钙和氮磷钾肥等，需要注意的是，花生本身对于氮的需求量较少，氮肥使用不要过多，在花生的生长过程中对钾的需求量较大，因此也需要注重硫酸钾的施入。同时注意土壤的酸碱度，要将酸碱度控制在合理的范围内。

3. 合理灌溉

花生对水分的要求为"前期和后期少，中期多"。通常在花生育苗期和成熟期，若田间墒情表现不错，可不用浇水，遇到干旱可浇小水，花生需水较多的时期主要集中在开花下针期和荚果膨大期。开花下针期需水量较多，要及时灌溉，保持土壤湿润，如雨水过多及时排水。在荚果膨大期，视墒情合理灌溉，灌溉量不宜过大，采用小水浇灌，有条件的采用滴灌、喷灌。

4. 控制旺长

花生在生长过程中，经历营养生长（长高）与生殖生长（下针结果）两个阶段，营养生长就是花生长高的过程，生殖生长就是花生开花、下针、结果的过程。这二者之间既相互促进，又相互竞争。在花生长到一定高度后，用控旺药物来控制营养生长，促使花生向生殖生长转变，从而控制花生高度，提高花生产量。一般来说，当花生主茎高度为30～35厘米，高产田中主茎高度为35～40厘米时，每亩用5%烯效唑40～50克可湿性粉剂（有效成分2～2.5克），加水35～40千克进行叶面喷施，如果主茎高度超过45厘米可再喷1次，提高结实率和饱果率。

5. 根外追肥防早衰

结果至成熟期，花生根系的吸收能力变弱，茎叶主要营养不足，易出现脱肥早衰现象，应根外追肥防早衰。每亩叶面喷施磷酸二氢钾120～150克+尿素350～400克+75%百菌清可湿性粉剂70～80克等杀菌剂的混合液35～40千克，连喷2次，间隔10～15天，延长花生顶叶功能期。

图45　花生叶面肥喷施

四、病虫草害防治

病虫草害防治是田间管理的重要任务，病虫害防治要以"预防为主，综合防治"的植保原则进行防治。花生生长发育过程中地上害虫主要有蚜虫、红蜘蛛、棉铃虫等。应以农业与生物防治为主，辅以化学药物防治的方式，对花生生长发育过程中出现的病虫害进行防治与解决，取得优质高产效果。针对地下活动的害虫防治，不能直接对其用药，要多方面进行预防治疗。花生草害防治也需重视，杂草会与花生争夺阳光、水分、肥料等物质，影响花生产量与质量。对于花生草害仅靠单一的防治措施难以达到除草的目的，因此可以将农业防除、物理防除、生物防除与化学防除相结合，对田间杂草进行人工除草，或利用除草剂进行除草等方式来保障花生田间生长的环境。

五、采收

花生采收要选择合适的时机，采收时间会影响花生的产量和质量。收获过早不利于高产，收获过晚影响花生质量，易造成烂果、落果、霉果现象。当多数花生荚果圆润饱满，果壳网纹清晰，顶端的叶子变黄，植株中下部叶子脱落，就可以对花生进行收割了。收获后及时晾晒或采用机械烘干设施烘干。之后放置于通风干燥处贮藏。

图 46　花生采收

（作者：赵爽，昆明市农业广播电视学校）

食用玫瑰栽培与管理

一、概述

食用玫瑰为蔷薇科蔷薇属，属丛生落叶灌木。它原产于中国，是一种具有较高的食用价值和经济价值的药用植物。我国的玫瑰栽培历史悠久，据史书记载，始于汉朝，迄今2000多年，唐代用花制作香囊，明代用来制酱、酿酒、窨茶，到清末已形成规模生产。近年来随着人们对食用玫瑰需求增加，食用玫瑰种植面积增加了不少，对食用玫瑰的研究也越来越深入。

二、生长环境条件

食用玫瑰喜光照充足、排水良好、地势高燥的环境。适宜的空气湿度为70%～80%。白天适宜的温度为20～27℃，夜间最适宜温度为15～18℃，温度太高，不适合其生长。高于35℃时发育不良，植株叶子易黄。耐寒性较强，零下10℃时，仍能安全越冬。食用玫瑰喜肥，在富含有机质、疏松肥沃、通透性好且微酸性（pH值为5.5～6.5）的沙质壤土上生长良好。

三、栽培管理技术

目前我国栽培的食用玫瑰品种较多，主要有山东平阴玫瑰、山东平阴丰花玫瑰、山东定陶玫瑰、甘肃永登苦水玫瑰、安徽肃县传统紫枝玫瑰、河南周口商水玫瑰、云南安宁八街玫瑰、云南富民金边玫瑰和墨红玫瑰、云南团结乡百叶玫瑰和大马士革玫瑰等。

图 47　八街玫瑰（任建青　拍摄）　　图 48　苦水玫瑰（任建青　拍摄）

图 49　金边玫瑰（任建青　拍摄）　　图 50　墨红玫瑰（任建青　拍摄）

图 51　平阴玫瑰（任建青　拍摄）

（一）繁殖方法

食用玫瑰主要用扦插、嫁接和组织培养方法进行繁殖，生产上最常用的是扦插。

1. 扦插

一般于 10 月下旬在设施大棚或露地扦插，扦插基质以肥沃的沙壤土为宜。插穗剪成长 15 ~ 20 厘米，上带 3 ~ 4 个饱满的芽，插穗顶部于芽上部 0.5 厘米处剪平，留顶部 2 ~ 3 片复叶，去掉基部的叶片和叶柄，在枝条下端对着芽剪成斜剪口。扦插前使用 50 ~ 100 毫克 / 升的 ABT 二号生根粉酒精溶液浸泡 1 ~ 2 小时，取出插穗待酒精挥发后扦插（1 克生根粉可处理插条 3000 ~ 5000 株）或使用其他生根粉并根据使用说明书进行浸泡或速蘸。扦插深度为 3 ~ 5 厘米。苗床密度为 150 ~ 200 株 / 平方米，边插边喷水，喷水要喷透。插后注意保温保湿，每天喷水 1 次。大棚扦插湿度易于保持，应减少喷水次数，每 2 ~ 3 天喷水 1 次。次年春季，待插穗生根后经通风炼苗，4 月中下旬即可移栽到大田中。

2. 嫁接

嫁接方法有多种，可用芽接法或枝接法。芽接法多用 "T" 形接法，枝接法采用切接法较多。生产上选用野生蔷薇或无刺蔷薇作砧木。

3. 组织培养繁殖

组织培养苗能有效地避免一些病虫危害，并能培养脱毒苗，在无土栽培时表现良好。但组培苗成本相对较高，成苗时间较长，所以组培苗的应用尚不普遍。

（二）建园

1. 选地

食用玫瑰要求通风、向阳、高燥的栽培环境，生产场所不能积水，忌低洼地，应选择地下水位低且疏松透气的沙质壤土，并修好排水沟，保证灌水、排水通畅，土壤 pH 值在 5.5 ~ 6.5 之间、地下水位 1 米以下的地块。

2. 理墒

苗木定植前 1 个月，应深翻暴晒土壤，使有效耕作层在 30 ~ 50 厘米，如果土壤板结，需施入大量有机质进行改造，最好使含量达到 10% ~ 15%。理墒时根据当地自然风向确定行向，墒宽 60 厘米（双行种植墒宽 110 厘米），墒高 20 ~ 25 厘米，沟宽 60 厘米，做到沟直土细。

3. 育苗

秋插春栽的苗木茎粗应在 0.5 厘米左右，须根 4～6 条。春末夏初插秋栽的苗木茎粗应在 0.8 厘米左右，须根 5～8 条。移栽苗要求根系完整，无褐斑，无黄叶，无任何病害症状，不带害虫活体，新梢距地面 20 厘米，有 3～5 个饱满芽。

（三）定植

昆明地区全年均可移栽，一般以玫瑰落叶时或早春萌芽前移植较好，成活率较高。定植选择在多云、低温天气的傍晚最佳。一般按行距 120 厘米（双行种植大行距 120 厘米，小行距 50 厘米）、株距 50 厘米、每亩玫瑰苗 1100～1500 株种植。

（四）田间管理

食用玫瑰栽后 2～3 年进入盛产期，管理科学合理，为植株提供良好的水肥条件和生长环境，可使盛花期持续 10 年。

1. 定植养护

植浇水后应遮阳 10～15 天，并结合浇水喷湿叶面，以保证成活。底肥充足时，苗期施肥不宜多，随植株长大，逐渐加重肥水。出现第一支花蕾时，及时打掉，随后植株上面马上萌芽，也要及时抹去，待中下部长出粗壮枝条并抽蕾时，结合株形，进行第一次修剪，株高控制在 50～80 厘米。

2. 水分管理

由于昆明地区冬春干旱，需灌水 3～4 次。在立春前灌水 1 次，促进植株快速萌芽，在 3～5 月份根据土壤墒情每周灌水 2～3 次，生长期保持土壤相对湿度在 60%～70%。开花期间控制浇水是产出好花的关键，以避免影响采花和因玫瑰花吸收过多水分而影响花的品质（花蕾大而不香）。最好安装滴管，既省水又能保持土壤的透气性。

3. 施肥管理

食用玫瑰整个花期从 4 月至 12 月。开花前的早晨或傍晚在叶面喷施 0.3%～0.5% 的尿素液加 0.2% 的磷酸二氢钾 2～3 次，可以提高玫瑰花的产量和品质。有些食用玫瑰一年多次开花，待第一次采收结束后应及时追肥，每亩追施30～40千克复合肥为宜。进入冬季，玫瑰植株生长缓慢，此期间结合深翻及培土，一亩施入生物有机肥250千克或农家肥2500～3000千克、复合肥50千克做基肥。

食用玫瑰为多年生花卉，在漫长的生长过程中，适度的修剪可使植株生长旺盛，并维持通风透光的株形。若不加以修剪，任枝条生长衰老，则花朵会逐渐减少，影响产量。修剪时应根据树龄、生长状况、肥水及管理条件进行，采取短剪为主、疏剪为辅的原则，达到株老枝不老，枝多不密，通风透光的效果。一般采用冬季修剪。

四、病虫草害防治

（一）综合防治措施

食用玫瑰主要病害有白粉病、黑斑病等，主要虫害有红蜘蛛、蚜虫、蓟马、甜菜夜蛾等。采取预防为主，综合防治，科学管理，促进植株生长健壮，是最佳的病虫害防治方法。通常采取五项预防措施：一是适量施用氮肥，防止植株徒长，保证萌发的新枝充实粗壮，增强植株抗病能力，减少病害发生。二是增施农家肥或生物肥料，提高土壤肥力，保持或改良土壤结构，为植株创造良好的生长环境。三是浇水、施肥时避免水或泥浆喷溅到叶片上，否则易导致叶斑病的发生，如黑斑病。四是修剪时，及时疏剪枯、老、病、弱枝条，促进株丛通风，同时用75%酒精对修剪工具进行消毒。五是冬季修剪后及时进行清园，采用波美5度石硫合剂喷雾防治病虫害。

（二）主要病虫害防治

1. 白粉病

食用玫瑰早春易发生白粉病，第一次喷药的最佳时期在3月初，第二次喷药在3月下旬。4月进入采花期停止施药；5月头水花采收完后，及时喷药1次，间隔7天再喷药1次，二水花采收前10天停止施药。防治药剂可以选用百菌清、腈菌唑或已唑醇、氟硅唑（福星）、醚菌脂（翠呗）、多抗霉素（宝丽安）、三唑类的戊唑醇（立克秀）等，单剂或混剂，每次施药混用成分不超过2种，每种有效成分一季使用不超过2次。喷雾时添加有硅助剂，起到增效作用。

随着雨季的到来，白粉病病害会逐渐消退。

2. 黑斑病

食用玫瑰黑斑病整年都有发生，高温潮湿的气候下病情最为严重。昆明地区一般4月底开始出现病斑，8月初达到发病高峰。在5月份头水花采收完后，及时喷药1次，间隔7天再喷药1次；6月份第二水花采收完后每隔10天防治1次，连喷3次进行防治。防治药剂可以选用多菌灵可湿粉、甲基托布津、嘧菌酯（阿米西达）、苯醚甲环唑（世高）、咪鲜胺等。采收期间不建议施药。

3. 红蜘蛛

食用玫瑰红蜘蛛虫害一年四季都会发生，危害高峰在5～6月份。在发生早期可以采用哒螨灵、三氟氯氰菊酯（功夫）、双甲脒（螨克）、5%噻螨酮可湿性粉剂、1%杀虫素乳油、9.5%螨即死乳油、10%复方浏阳霉素乳油等药剂，每隔5～7天喷1次，连续防治2～3次，重点喷洒植株上部的嫩叶背面、嫩茎、花器、生长点等部位，并注意交替使用。采花期严禁施药。

4. 蚜虫

食用玫瑰蚜虫多发生在春秋季节。在植株萌芽后采用黄色粘虫板进行诱杀有翅蚜，减少迁飞虫口量。在蚜虫危害早期采用20%啶虫脒粉剂、70%吡虫啉水分散粒剂、10%蚜虱净可湿性粉剂，绿浪、京绿（苦参碱）等生物农药进行防治。采花期严禁施药。

5. 蓟马

蓟马全年均有发生，始发在3月中旬，危害高峰为4月上旬至6月上旬及8中旬至9月下旬。在植株萌芽后采用蓝色粘虫板进行诱杀，必要时采用2.5%多杀菌素（菜喜）悬浮剂、70%吡虫啉水分散粒剂、25%阿克泰水分散粒剂、5%啶虫脒可湿性粉剂、1.8%阿维菌素乳油或甲维盐、高效氯氟氰菊酯等药剂，每隔5～7天喷施1次，连喷3次。采花期严禁施药。

6. 甜菜夜蛾

甜菜夜蛾对食用玫瑰的危害主要是初孵幼虫群集咬食嫩叶或砖蛀花蕾。昆明地区全年均有发生，3月上旬始发，4上旬至5月中旬为高峰期。3 月上旬采用甜菜夜蛾性诱剂进行诱杀雄虫，减少成虫交配数量或使用杀虫灯诱杀成虫，从而达到减轻危害的效果。在甜菜夜蛾幼虫初孵化盛期，用 20% 米满 F 胶悬剂、灭幼脲Ⅰ、灭幼脲Ⅱ、灭幼脲Ⅲ、90% 万灵、5% 抑太保、5% 卡死克、75% 拉维因、Bt 可湿性粉剂、20% 杀灭菊酯乳油等药剂防治。采花期严禁施药。

五、采收

食用玫瑰一般在 4 月初至 5 月初开第一次花，6 月初至 7 月初开第二次花。采花前 7～10 天严格控制浇水，以提高鲜花内在品质。花苞采收是保证花质量的关键，花朵一旦开放，香气就会丧失，且花瓣易脱落。因此，采收宜在花苞待放，花瓣尚叠合，雄蕊还未显露时进行。采摘的具体时间以早晨 6～8 点最适宜。采收的花朵要分散置于阴凉通风处，忌堆压不透气。

（作者：任建青，昆明市农业科学研究院）

特色药材篇

随着中医药学的发展，药材种植成为中药行业的重要组成部分。由于药材的特殊性，其食用安全备受关注。由于农药化肥使用不当及环境污染带来的土壤盐渍化、重金属超标、地力衰退、病虫害猖獗等问题的出现，以及野生药材资源的破坏严重，药材的绿色种植迫在眉睫。云南得天独厚的自然优势，药用植物资源丰富（约 7018 种），占植物资源的 53.98%，还有大量如三七、重楼、黄精等的特色药材资源，使其在近十年间迅速成为中药材种植大省。云南省中药材品质逐步得到行业认可，"云药"成了云南省名片之一。云南省农业农村厅登记的中药材品种 54 个，除草果（既是调味料也是中药材，目前云南省种植面积为 100 多万亩）外，种植面积在 10 万亩以上的中药材并不多，仅三七、天龙胆、重楼、黄精等 12 个品种；且这些药材多分布在林地坡地，种植较为分散，无法进行机械化规模操作，生产成本较高，种植水平也良莠不齐。为了扬长避短，发挥资源优势，种植特色药材才是新出路。本篇从选地、选种育苗、移栽、中耕管理、病虫害防治、采收等方面介绍几种特色药材的栽培管理技术，助力特色、绿色、健康药材产业的发展。

白及栽培与管理

一、概述

　　白及也称为白芨，据《中华人民共和国药典》，定名为白及。白及是兰科白及属多年生草本植物，民间也叫朱兰、甘根、连及草等。其药用部分为根茎，具有补肺止血、消肿生肌等功效。主产于云南、四川、贵州等省份，全国各地均有种植。近年来，由于市场需求量不断扩大，我国大部分地区的野生白及遭到过度开采，加上其自然繁殖率较低和生态环境被破坏，白及野生自然资源急剧减少，开发林下仿野生种植已成为解决问题的必然选择。云南省地形以山地为主，拥有得天独厚的自然资源，为林下种植提供了有利环境。

图 52　白及大田种植
（李泽诚　供图）

图 53　白及果荚
（李泽诚　供图）

二、生长环境条件

白及喜生于温暖、阴凉、湿润的环境，忌阳光直射，不耐寒。最适温度为 25～30℃，相对空气湿度为 60%～70%。宜生长在海拔 800～2200 米的山溪谷边或疏林下，适合种植于富含腐殖质且土层深厚、排水良好的砂质土或红壤中。在郁闭度为 0.2～0.7 的林下栽培均可，但阔叶林下栽培效果最佳。

三、栽培管理技术

（一）繁殖方式

1. 组织培养育苗

（1）外植体选择。每年 4 月底到 5 月初，在白及花期，选择优质的白及株系，进行人工授粉，获得白及蒴果。9 月果实成熟后，转入组织室进行组织快繁。

（2）培养基准备。选择 MS 培养基，调节 pH 值为 5.8，含蔗糖 3%、琼脂 0.65%。

（3）种子无菌播种。取成熟的白及果荚，用洗衣粉溶液洗净，在超净工作台采用 70% 乙醇消毒，0.1% 升汞消毒液，再用无菌水冲洗 3～4 次，置于灭菌的滤纸上吸干水分后从果实中部剥开，取出种子，迅速接种到准备好的培养基上培养。种子萌发条件为昼温 20～25℃，夜温 18～20℃，暗培养。

（4）丛生芽的增殖。待种子萌发后，将 2 厘米高的单株接种在 MS 基本培养基上，添加不同浓度的 6～8A 和 NAA 等，再进行培养。培养条件：温度为 25℃，光照强度为 15000～2500 勒克斯，每天光照 6～9 小时。

（5）生根培养。将高度为 3 厘米的白及无根苗进行生根培养，每瓶培养基按 30 株接种在培养基上，再进行培养。添加植物生长调节剂等，培养条件：温度为 25℃，光强度为 15000～2500 勒克斯，每天光照 6～9 小时。

（6）炼苗。从种子萌发到壮苗生根形成可以移栽的幼苗，大概需要 6 ~ 8 个月，苗长为 3 ~ 5 厘米，待幼苗形成块茎后，进行炼苗。将组培苗放在温室大棚内，揭开瓶塞，在自然光条件下一周左右，待苗的颜色转变为翠绿色后，即可移栽驯化。

（7）驯化。小心将炼好的白及苗取出，尽量不要折断根部，用清水洗去根部的培养基，洗净为止。洗净后用 800 ~ 1000 倍百菌清或者多菌灵泡根部一小时，晾至根部发白时，移栽到简易大棚里的栽培基质中进行驯化，浇少量定根水，驯化时间为 3 ~ 5 月，期间注意遮阳，并保持较高的空气湿度（80% ~ 90%）和适当通风，环境温度维持在 20 ~ 25℃，每隔 2 ~ 3 天喷施定根水。当移栽小苗新叶展开、苗根伸长后，追施肥。待白及假鳞茎膨大到黄豆大小，可移栽到大田中。

2. 种子直播育苗

（1）苗床准备。苗床以光照时间长、水源充足、路和电有保障的平整地块为宜。搭建棚高为 2 米的遮阳棚，按 4 米立柱，宽 3.9 米，用 10 号铁丝为主线，12 号铁丝为压线，将遮阳网交叉用竹签固定在主线上，遮阳网的遮阳度为 90%。采用土围宽 1.2 米，长 3.0 米的墒，墒低于地面 10 厘米，墒与墒距离 25 厘米。平整好墒地先铺一层塑料膜在墒内，把粗的基质铺在塑料膜上，厚度为 5 厘米作为底层的基质，然后整平，把细的基质和发酵好的有机肥搅拌均匀后（每亩准备发酵好的有机肥 2000 千克）铺于底层基质上，厚度为 5 厘米。再备好 2.5 米长的竹片及 2 米宽的塑料膜、草木灰等，用于播种后搭棚保湿。播前必须晒地一周，不浇水，以防止播种后短期内长出青苔。安装好雾化喷灌系统。

（2）种荚的采收。7 月中旬，待种荚呈黄色且面积达到三分之二时，果实内的种子呈白色，用牙签轻蘸种子，种子能自然分离时即可采收。

（3）播种。把整理好的育苗地用竹块适当用力压紧，让苗床平整度一致，用 30 目筛把基质筛一层 0.1 毫米在苗床上。用高锰酸钾或硫酸铜消毒液对苗床消毒。种荚用 75% 的酒精浸泡 5 分钟，用自来水清洗种荚 5 次后吸干种荚表皮水分，置于无菌容器内准备播种。

播种用散播方式，播种时剖开种荚，用消毒过的牙签轻蘸种子使其疏松，然后用手把种荚支于苗床上，轻轻抖动使种子均匀播种于苗床上。种子播好后，先用20目筛把草木灰筛在苗床上，掩盖种子即可，再插好竹拱，盖好塑料膜，做好保湿保温工作，待20天后种子萌发。

（4）幼苗管理。发芽前不能喷浇水，在墒沟内灌水，以从下往上渗透法灌水，保持土壤湿度为50%，若苗出芽后温度过高，加盖一层90%的遮阳网在棚上，保持通风、透气，温度恒定，苗棚湿度为70%~80%。出苗前1天，使用25%多菌灵250倍液消毒整个苗床，并喷透水。待幼苗长到1厘米高时，每隔10天喷施1次叶面肥（磷酸二氢钾和芸苔素内酯），长到2厘米高时，改用水溶肥（氮19%、磷19%、钾19%），每平方米用量为1.5克。喷施期间注意间苗，及时除草，防治病虫害，每隔7天用25%多菌灵或者75%甲基托布津1000倍液消毒1次，在氟氯菊酯或阿维菌素每15天杀虫一次。雨季时把四周遮阳网往上卷1.5米高，便于通风。待苗长到3~4厘米时，就可移至驯化。

（二）整地

根据地势、地形对林地进行除杂，包括林下杂草、灌木以及倒伏、枯死的乔木、灌木，将杂草焚烧。水平带状开垦，把土翻耕30厘米以上，每亩均匀施入生物菌肥2000~3000千克和杀虫剂3%辛硫磷900~1000千克，深翻土层，使肥、药、土充分混合拌匀，把土壤整细耙平作墒，一般墒面宽为1.3米，墒面长则根据地势而定，10~20米不等，墒高20厘米，行道宽约35厘米，四周开排水沟以防雨水冲刷。

（三）定植

白及在春秋两季移栽均可，春季2至3月份最佳。由于幼苗较脆弱，为避免强光直射，应选择在阳光较弱的下午或者阴天种植最佳。向墒面开深4~8厘米、宽4~7厘米的沟，按株行距18厘米×27厘米种植。种植时，按照株行距将白及幼苗定向摆好。白及幼苗轻拿轻放，切勿损伤根系。种植后，可将前一条沟开出的土壤覆盖在邻近的沟上，土层厚度以幼苗根部全部覆盖为宜。后面以此类推，然后盖上稻草。第一次浇水要浇透，使水分充分渗透土壤中，避免根部缺水，影响根系生长。

（四）田间管理

1. 间苗与补苗

种植过密，影响幼苗生长；过稀，单位面积产量降低。定植当年，应当对林地白及幼苗进行间苗或者补苗，去除枯死、过密、有病害的幼苗，对空隙过大之处及时补苗。新植入的幼苗要浇透水，确保成活。

2. 中耕除草

白及对田间管理，特别是除草要求严格，要及时除草。生长期应经常中耕除草，浅锄防止伤根。采收完后要及时清理林园，将杂草烧尽。

3. 合理追肥

白及是喜肥的植物，定植后应及时追肥；定植第一年，不施肥或少施肥；定植第二年，可根据季节和除草情况进行追肥，除草后及时追肥。春季出苗前，按 2000~3000 千克／亩的用量将生物菌肥均匀撒在墒面上，夏季白及生长旺盛，对肥料需求量大，可向白及根部每亩追施 1 千克锌肥、10 千克 KNO_3、15 千克硼肥，每个月按 50~80 千克／亩喷施一次磷酸二氢钾；秋季根据具体情况追肥，每亩施加 2000~3000 千克有机肥或者草木灰均可，白及采收当年的秋季不可施肥。

4. 适时浇水

白及喜湿怕旱，及时浇水注意防旱、排涝，保持土壤含水量在 35% 左右。春冬季降水量较少，应勤浇水，保持土壤湿润；夏季雨水较多，应及时排涝。另外在墒面铺上防草布或松毛，有利于保湿、防寒。

5. 摘花

白及植株出现花蕾后，要及时将花摘去，可有效减少养分损失，极大提高单位面积产量。

四、病虫草害防治

（一）病害防治

白及病害主要有根腐病和叶斑病。根腐病又称烂根病，多发生于夏季雨水季节，发病初期根局部呈黄褐色腐烂状，并逐渐扩大，严重时，地上部分枯萎而死。防治措施为在地块四周修理排水沟，及时排水，可用70%甲基托布津稀释至1000倍液喷施，每隔7～10天喷1次，连续2～3次。

叶斑病初染叶片呈褐色点状或者条状病斑，后扩大呈褐色不规则大型病斑，多个病斑可连合成更大型的病斑，覆盖全叶造成叶枯死。该病可使叶片过早枯死。防治方法为用25%三唑酮可湿性粉剂稀释1000～1500倍液喷施，发病初期每隔7～10天喷1次，连续喷3～4次；病斑较多时，采用粉锈清稀释至600倍液喷洒。

白及锈病危害叶片，病原侵染初期，形成黄色小斑点，随后在叶背面可见到散生的黄色夏孢子堆，夏孢子堆散生后，形成大块，叶背病菌部隆起，叶片正面布满淡黄色病斑，严重时形成大型枯斑，叶片枯死脱落。采用药剂防治，选用有效药剂25%多菌灵可湿性粉剂250倍液，或者代森锰锌可湿性粉剂1000倍液加15%三唑酮可湿性粉剂2000倍液，每隔10～15天喷1次药，连续2～3次。

（二）虫害防治

危害白及常见的害虫有小地老虎、土蚕、黑地蚕、切根虫。害虫常以幼虫咬食或咬断幼苗，影响白及生长，每年3至5月份较多。用氟氯菊酯或阿维菌素每15天杀虫1次或者用50%辛硫磷乳油700倍液喷施进行灭杀。同时兼备物理方法防治，用黑光灯诱杀成虫。蚜虫主要在白及开花期发生，咬食花心和嫩芽。防治方法用10%吡虫啉1000倍液喷洒叶面。

（三）草害防治

白及植株矮小，杂草的生长对其影响很大，会争夺养肥，为害虫提供栖息地。一般来说，每年5至6月杂草长得旺盛，且林下杂草种类较多，夏季生长比较旺盛，因此要及时拔出杂草，在拔杂草前最好先喷一遍水，拔出离植株比较近的杂草时不要伤及多花黄精的根。另外，在种植白及的墒面铺防草布或者铺上2厘米左右的松毛，有利于压盖住草的生长。

五、采收

白及种植2~3年后，于9~10月待地上茎枯萎时，顺着种植行向或窝位依次挖出块茎，注意避免挖断块茎，应保持完好。挖出的块茎去掉泥土，单个摘下，剪下茎秆，在清水中浸泡1小时后，冲洗泥土，洗净后即可销售。

图54　白及块茎鲜品（李泽诚　供图）

（**作者：**徐宁，昆明市农业科学研究院；李珍，昆明市农业广播电视学校；李泽诚，昆明英武农业科技有限公司）

黄精栽培与管理

一、概述

黄精是百合科黄精属多年生草本植物，具有补气、健脾、润肺等功效。

二、生长环境条件

黄精的适应性较强，耐寒，喜阴湿，在湿润背阴的环境生长良好，适宜在海拔 1500 米以下土壤肥沃、表层水分充足、上层透光性强的山地灌木丛中及林缘下种植。主要分布于云南、贵州等地。因黄精用途广泛，用量逐年增加，在现有的资源下，发展野生林下人工种植势在必行。

图 55　红花滇黄精（李泽诚　供图）

三、栽培管理技术

（一）繁殖方式

黄精既可以用种子繁殖，又可以用根茎繁殖，种子繁殖多用于育苗移栽。选择特定环境条件下形成的具有一定遗传特性的优质黄精品种作为种子来源。

1. 种子繁殖

（1）种子处理。选择生长健壮、无病虫害的二年生植株留种，每年 8 月为种子成熟期，待浆果变成黑色时采摘，将成熟的种子进行砂藏处理。在背阴背风处用砖块围起一个长 40 厘米、宽 40 厘米、高 30 厘米的坑。按照种子：沙土 =1：3 比例进行充分混合，沙的湿度以手握成团，落地即散，指间不滴水为宜，将混合物放置于准备好的坑内。用细沙覆盖保持坑内湿润，经常检查，防止风干和虫害，控制温度 12 ~ 28℃。于次年 3 月下旬筛去湿沙，取出完好健康种子。

（2）种子苗床准备。选择在透光率为 60% ~ 70% 的遮阳网下进行种苗培育。土壤深翻 30 厘米以上，整平耙细后作床，按 1.2 米 × 20 米的大小做床。每亩苗床上均匀撒上 2000 ~ 3000 千克生物菌肥，900 ~ 1000 千克杀虫剂 3% 辛硫磷，翻入土层中，细碎耙平，按行距 12 厘米开沟，沟深 3 ~ 5 厘米，每平方米喷洒 3 千克 90% 恶霉灵 1000 ~ 1500 倍液，等待播种。

图 56　黄精种苗（李泽诚　供图）　图 57　黄精种子催芽（李泽诚　供图）

（3）播种。将挑选出来的种子均匀撒播到床面的浅沟内，盖土约 1.5 厘米厚，在上面铺盖一层约 2 厘米厚的松毛或者稻草，稍压后喷水。每亩播种量为 50 千克的干种子，约 15 万颗。在床外侧用竹条搭建小拱棚，棚高 50 厘米，盖上塑料膜。

（4）苗期管理。播种后，棚内温度控制为 12 ~ 38℃，及时通风，保持土壤湿润。出苗前去掉盖草。当苗高 3 厘米时，应昼开夜覆，逐渐撤掉拱棚。苗高 6 ~ 9 厘米时，过密处可适当间苗，按株距 4 ~ 5 厘米留苗。其间注意除草、浇水，待小苗苗壮成长一年后移栽。

2. 根茎繁殖

于晚秋或早春3月下旬，挖取地下根茎。选择1～2年生长健壮、无病虫害的植株，挖取根茎，选取先端幼嫩部分，截成数段，每段有3～4个茎节，用90%恶霉灵1000～1500倍液处理伤口，伤口稍加晾干后即可栽种。

在整理好的地块上，按照行距25厘米开横沟，沟深10厘米，将芽眼向上，顺沟摆放，每隔10厘米平放一段，覆土5厘米厚。压实，浇透水。于秋末种植的，在上面每亩盖有机肥2500千克，以利保暖越冬。

（二）整地

1. 选地

为保证黄精的品质、高效利用土地资源、降低成本，采用仿野生林下种植黄精。选择比较湿润肥沃的林间地、山地、林缘地种植。土层厚度 ≥ 30厘米，无积水，土壤以质地疏松、肥沃、保水力好的红壤土或富含腐殖质的沙质土壤为宜。

2. 整地

土壤深翻30厘米以上，整平耙细后作硅，一般硅面宽为1.2米，硅长根据地势而定，10米到20米不等，硅面高出地平面10～15厘米。在硅内施足底肥，每亩均匀施入2000～3000千克生物菌肥和900～1000千克杀虫剂3%辛硫磷，深翻土层，使肥、药、土充分混合拌匀，再进行整平待播。在栽种前每平方米喷洒3千克90%恶霉灵1000～1500倍液，防治多种病害的发生。

（三）定植

3月下旬，边收边栽，在整理好的地块上，按照行距30厘米，株距15厘米，深度13厘米挖穴，将苗栽入穴内，理顺须根，芽头向上，覆土压紧，浇透水，以后每隔3～5天浇水1次，保持土壤湿润。

（四）田间管理

1. 中耕除草

生长期应经常中耕除草，浅锄防止伤根，根据植株情况进行适当培土，生长后期拔草即可。

2. 合理追肥

每年追肥 2 次，结合中耕，合理追肥。4 月中耕除草后，施用氮肥 50~80 千克 / 亩；秋末除草完后，施用有机肥 2000~3000 千克 / 亩。

3. 适时浇水

黄精喜湿怕旱，及时浇水，注意防旱、排涝，保持土壤含水量在 35% 左右。春冬季降水量较少，应勤浇水，保持土壤湿润；夏季雨水较多，应及时排涝。

4. 摘花

黄精为伞形花序，花朵较多，且花期较长，会消耗大量的营养成分，不利于根茎生长，因此在花蕾形成前及时摘花。

四、病虫草害防治

（一）病害防治

1. 叶斑病

叶斑病在夏秋季易发病。在发病前期叶片从叶尖开始出现椭圆形或者不规则病斑，病斑外缘呈棕褐色，中间淡白色。随后病斑向下蔓延，扩大成近圆形或水渍状黄褐色病斑，在雨季湿度大则更严重，病部两面生有灰色霉层或叶片枯黄。防治选用喷 1：1：100 倍波尔多液或 50% 退菌特 1000 倍液，每隔 7~10 天喷 1 次，连续数次，直至消灭。同时注意在收获后清洁林园，将枯枝病残体集中烧毁，消灭越冬病原。

2. 根腐病

根腐病主要侵染根茎，发病初期根茎产生水渍状褐色坏死斑，严重时整个根茎内部腐烂，病部呈褐色或红褐色。水分湿度大则根茎表面产生白色霉层，发病植株随病情的发展，影响地上部分的生长，出现整株枯死。防治根腐病可用 70% 根菌灵 600 倍液灌根，连续 2~3 次。

（二）害虫防治

害虫以蛴螬幼虫、地老虎为主，咬食或咬断幼苗及嫩芽，影响植株生长。防治方法：在苗床准备中及种植土壤中每亩应加入

900~1000千克杀虫剂3%辛硫磷颗粒，翻入土层中；出苗后，用90%敌百虫1000倍液浇灌。同时兼备物理方法防治，用黑光灯诱杀成虫。

（三）草害防治

杂草对黄精的正常生长影响很大，争夺养分，为害虫提供栖息地。一般来说，林下杂草种类较多，夏季生长比较旺盛，因此要及时拔出杂草，在拔杂草前最好先喷一遍水，拔出离植株比较近的杂草时不伤及黄精的根。或者在中耕时候一起将杂草去除。

五、采收

黄精全年均可采挖，但一般以秋季采挖为好。根茎繁殖的在种植3年后采挖，种子繁殖的以栽后4年采挖为宜。当茎秆上叶片完全脱落时即可采挖。顺着黄精的种植行向或者窝位，依次深挖，挖出根部，除去茎叶、须根和泥土，清洗时尽量不要折断根茎，保持完好，洗净后即可销售。

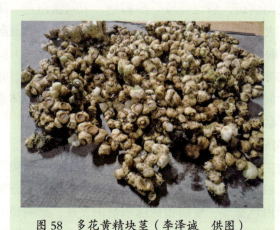

图58 多花黄精块茎（李泽诚 供图）

（作者：徐宁，昆明市农业科学研究院；马雨菡，昆明市农业广播电视学校；李珍，昆明市农业广播电视学校）

金银花栽培与管理

一、概述

金银花为忍冬科忍冬属半常绿藤本植物，又名忍冬花，主要以未开放的花蕾入药，具有清热解毒、消炎退肿、抑菌和抗病毒功效，主治风热感冒、咽喉肿痛等症。此外，在香料、化妆品、保健食品、饮料、绿化观赏等领域被广泛应用。主要分布于北美洲、欧洲、亚洲和非洲北部的温带和亚热带地区。

图 59　金银花盛花期　　　　　图 60　金银花种苗基地
　　（李泽诚　供图）　　　　　　（李泽诚　供图）

金银花为大综商品药材，用量大，市场缺口也大。良种金银花种植效益高，易栽培管理，投资少、见效快，由此可大力发展金银花产业解决其供求问题。

二、生长环境条件

金银花喜温暖湿润、阳光充足、通风良好的环境，宜种植在光照充足的地块。金银花适应性强，耐贫瘠、耐热、耐旱、耐盐碱，尤其耐寒，我国南北各地、山区、平原、丘陵均能栽培。在荒山丘陵、沟边地堰、废弃矿场、沙丘滩地、城镇绿地等地种植，可起到生态绿化、保持水土、美化城镇等作用。

三、栽培管理技术

（一）繁殖方式

繁殖方式在生产中以嫁接、扦插为主，各有优缺点，根据需求而定。

1. 嫁接繁殖

春季宜选择 3 月中旬至 4 月中旬，秋季宜选择 9 月上旬至 10 月中旬。利用三刀法、腹接、切接和根接嫁接方法进行嫁接。秋季金银花接穗一般随采随接。

2. 扦插繁殖

于春、夏、秋季进行扦插。春季宜在新芽萌发前，秋季于 8 月初至 10 月初，以高温多雨季节扦插成活率高。选择一年生健壮、无病害的枝条截成 30 厘米左右插条，每条至少 3 个节位，摘去下部叶片，留上部 1～2 片叶，在节下端切成斜口，用 300 ppm 生根粉溶液浸泡下端斜面 2～3 小时，稍晾干后进行扦插。将插条 1/2～2/3 斜插入孔内，压实按紧，随即浇 1 次水，置于全光照间歇喷雾下，保持土壤湿度，半个月左右生根和萌发新芽后移栽。

（二）整地

1. 选地

金银花虽有抗旱、耐寒、耐瘠薄之特性，但作为中药材种植发展，仍以选择向阳、土壤肥沃、疏松、透气、排水良好、坡度较缓、周边有水源、灌溉方便的地区为宜。

2. 整地

选好地后，清理种植地块。深翻土壤 30 厘米以上，打碎土块，并根据地势地形进行起垄或挖穴。

（三）定植

云南地区冬春干旱，移栽时间在 5 ~ 9 月较好。苗木定植时，挖20 厘米 × 20 厘米 × 40 厘米的定植穴，每亩栽植 220 株；放入基肥，放入苗木，舒展其根系，保持直立状态；覆上疏松细土并压紧踏实，浇足水，待水下渗无明水后，再培土恢复垄形。苗木栽植深度以齐嫁接口为宜，在苗木定植前去掉 2/3 的叶片提高栽植成活率。基肥建议使用腐熟的农家肥和有机肥。

（四）田间管理

金银花自然更新的能力较强，新生分枝多，枝条自然生长时则匍匐于地，不利于立体开花。为使株形得以改善且保证成花的数量，需对金银花进行合理的修剪，在冬、夏两季进行，分常规整形和立杆辅助整形两种。

1. 修剪

（1）常规整形修剪。

栽植后第 1 年，对于主干以及预留的第一层主枝以外的其他枝条暂时保留，以便早期丰产。栽植后第 2 ~ 3 年，在主干的第一层主枝上方 10 ~ 30 厘米处，环绕主干再从不同方向选留 3 ~ 4 条分枝，培养第二层主枝，其余的萌芽和分枝随时抹除。以后每年如此培养，直至形成主干及其延长枝高度为 130 ~ 150 厘米，其上着生 12 ~ 15个主枝，上下共分 3 ~ 4 层的上小下大塔松状树形。

以后逐年完善，对每层主枝修剪时要求主枝形成向上倾斜生长的态势，剪去病弱枝、下垂枝、徒长枝、枯老枝。最终培养出主干粗壮，各层分枝间隔分布，主干、各层分枝及侧分枝错落有致的主干树形冠体结构。

（2）立杆辅助整形。

可在金银花植株旁立杆做架，让茎蔓攀附架上。一般用三根竹竿插埋土中，形成高 1.3 米左右的稳定的三脚支架。将三株金银花的主蔓各攀附一竿，每株再适当选留部分分枝，通过冬季修剪和生长期修剪，形成三株环绕、枝条均匀分布、株内通风透光的丰产墩形，达到金银花早期丰产的目的。

2. 中耕除草

在定植后的前 3 年，中耕除草每年进行 3 ~ 4 次。其中发出新叶进行第 1 次，7 ~ 8 月进行第 2 次，最后一次在秋末冬初降霜前进行，并结合中耕培土，以免花根露出地面。三年以后视植株的生长情况和杂草的滋生情况适当减少除草次数，每年春季 2 ~ 3 月和秋后进行培土。

3. 施肥管理

（1）基肥。常用基肥为有机肥（4000 ~ 5000 千克 / 亩）、钙镁磷肥（150 ~ 300 千克 / 亩）。在移栽定植前，耕翻土地后在地表撒施或顺沟撒施并耕翻入土；挖坑整穴时穴施并与土壤充分拌匀。

（2）追肥。金银花为喜氮、磷植物，追肥一般在生长期进行。对新栽植金银花，在缓苗后及时追施提苗肥，以氮肥为主。每亩追施尿素 30 ~ 40 千克，结合金银花长势施 1 ~ 2 次。多年生树体，于萌动前后每株追施尿素 0.1 千克或 0.15 千克复合肥，开花前每株追施磷酸二铵 0.05 千克或 0.1 千克复合肥，采花后追施尿素 1 次，每株 0.1 千克。追肥时应结合中耕除草进行，在树冠周围开环状沟施入。一般穴深或沟深 20 ~ 40 厘米，并距主根 20 厘米以外，以防损伤主根。施后用土盖肥并进行培土，厚度为 5 厘米。

4. 适时浇水

萌芽期、花期如遇干旱，则要浇水。在地下水位较高的园地，雨季需注意排涝。

5. 保花

金银花花期遇干旱无雨或雨水过多，都可能会引起大量落花、沤花或未成熟的花破裂。可在金银花花蕾普遍有 0.2 ~ 0.3 厘米长时进行一次根外追肥，以乐果 15 克、尿素 0.5 千克、清水 20 千克混匀喷施。结合实际天旱淋水、雨多排渍的措施，能有效减少落花。

四、病虫草害防治

金银花病害较少，主要是白粉病、褐斑病。虫害主要是蚜虫、尺蠖、红蜘蛛等。

（一）病害防治

金银花白粉病主要危害叶片、茎和花。病害初期浸染叶片，先为白色小点，最后整片叶布满白粉、发黄变形甚至落叶；浸染至茎上部，呈斑褐色的不规则形状，布满白粉；浸染至花时，花朵扭曲、脱落。防治方法：通过合理密植、整形修剪，可有效降低病害发生根基率及危害程度；少施氮肥、多施磷钾肥可增强植株对病害的抵抗力；发病前用易宝68.75%水分散粒剂1500倍液，每隔7~10天喷1次，连喷2~3次；发病初期用40%福星6000倍液喷雾防治，每隔7~10天喷一次，连喷2~3次。

金银花褐斑病主要危害叶片，一般在高温的环境下发病较重。该病由真菌引起，一般先由下部叶片开始发病，逐渐向上发展。发病初期叶片上出现黄褐色小斑，病害严重时，叶片枯黄脱落。防治措施应结合秋冬季修剪，除去病枝、病芽，以减少病菌来源。发病初期摘除病叶，以防病害蔓延。加强栽培管理，提高植株抗病能力。增施有机肥，控制施用氮肥，多施磷钾肥，促进树势生长健壮；雨季及时排水，降低土壤湿度；适当修剪，改善通风透光条件，以利于控制病害发生。在发病初期采用70%甲基硫菌灵可湿性粉剂800倍液或70%代森锰锌可湿性粉剂800倍液或扑海因1500~2000倍液喷雾防治，每隔7~10天喷1次，连喷2~3次。

（二）害虫防治

金银花蚜虫多在4月上、中旬发生，温度在15~25℃时繁殖最快。主要刺吸植物的汁液，使叶变黄、卷曲、皱缩，严重时会造成绝收。清除杂草，将枯枝烂叶集中烧毁或埋掉，能减轻虫害；在植株未发芽前用45%石硫合剂200~300倍液先喷1次，以后清明、谷雨、立夏各喷1次；3月下旬至4月上旬叶片伸展，蚜虫开始发生时，用10%吡虫啉可湿性粉剂1500~2000倍液或3%啶虫脒可湿性粉剂2000倍液或10%万安可湿性粉剂2000倍液喷雾，5~7天喷1次，连喷数次。最后一次用药须在采摘金银花前10~15天进行。

金银花尺蠖一般在头茬采收完毕时危害严重，幼虫几天内可将叶片吃光，初龄幼虫在叶背危害，取食下表皮及叶肉组织，残留上表皮，使叶面呈白色透明斑，严重时能把成片花墩叶吃光。防治应在冬季剪枝清墩，破坏害虫越冬环境，减少虫源；入春后，在植株周围1米内挖土灭蛹。幼虫发生初期用10%万安可湿性粉剂2000倍液或2.5%鱼藤精乳油400～600倍液喷雾防治。

红蜘蛛多发生在五六月高温干燥季节，种类多，体微小、红色。多集中于植株背面吸取汁液，被害叶初期呈红黄色，后期严重时则全叶干枯。应剪除病虫枝和枯枝，清除落叶枯枝并烧毁；用30%螨窝端乳油1000倍液或5%克大螨乳油2000倍液或20%卵螨净可湿性粉剂2500倍液喷雾防治。

（三）草害防治

杂草对金银花影响很大，争夺养肥，为害虫提供栖息地。新苗种植后覆盖黑色地膜，减少杂草滋生，同时起到保湿保温的作用；在拔杂草前最好先喷一次水，以便较好地拔出杂草而不伤及金银花植株根系，结合中耕对杂草进行铲除。

五、采收加工及贮藏

（一）鲜花采收

摘花最佳时间是花蕾上部膨大略带乳白色，下部青绿，含苞待放时为宜。金银花的花期较长，在云南一般从4月中旬至10月中旬，可分四茬花出现。头茬花出现在4月中下旬，一般持续15～20天，此茬花量最大，约占全年花量的70%以上。二茬花、三茬花、四茬花分别在7月上中旬、8月中旬和十月上中旬出现。采摘金银花鲜花放于竹筐、提篮、塑料盆等敞口器具内，不能放在塑料袋、深桶内，以免鲜花焖闷发热、变色变质。

（二）加工

在晴天烈日炎炎之时，可将鲜花撒在浅筐内或苇箔上放置阴凉处，待阳光柔和时再放置到阳光下晾晒；晾晒期间，花蕾未达八成干，不要用手翻动，否则金银花将变褐发黑，品质降低；在夜间或阴雨天气，应用篷布等进行遮盖或将晒筐等移到室内。

如采用烘干法，所烤鲜花以二白期至大白期金银花为宜。烘干时不翻动，未干时不停烘，以免影响品质。

（三）贮藏

金银花干花含水量约 5%，用手紧握干花有花破碎细微的响声，用手搓花易碎成粉末状可进行安全贮藏。将达到充分干燥的金银花干花在室内放置片刻，待干花热量散尽、恢复常温后，用无毒厚塑料薄膜袋扎紧袋口，密闭储藏。将其放置于干燥、蔽光防潮的仓库中，在地面垫一层隔板防潮，其上再放置塑料袋，在塑料袋与墙体之间或每垛金银花之间留出一定空隙，以便通风透气、随时检查。在储藏过程中，注意防潮、防霉、防虫、防鼠，定期检查。

六、"云花一号"品种简介

"云花 1 号"是昆明英武农业有限公司利用金银花品种"巨花 1 号"突变体选育而成的金银花新品种。该品种开花稍晚，花蕾较大，花蕾长大后不开花或极少开花，花蕾整齐。叶卵形或窄卵形，基部圆形；小枝及小枝上部叶密被黄褐色柔毛；总花梗数量少，花冠白色，唇形；花蕾期长，花蕾稀疏，多为白色或黄白色；苞片大，叶状，卵形。4 月下旬初现花蕾；5 月中旬花蕾膨大露白，花量相对山银花较少，但花蕾团簇，整齐而易采摘，花

图 61 云花一号盛花期

期 25 天而不开放，未采摘则自行脱落。

（作者：徐宁，昆明市农业科学研究院；李泽诚，昆明英武农业科技有限公司；马雨菡，昆明市农业广播电视学校）

云参栽培与管理

一、概述

云参为桔梗科党参属多年生落叶纤细藤本植物，有特殊气味，又叫臭药、臭参、臭党参、兰花参、胡毛洋参等，是云南特有的植物。在云南的丽江、中甸、维西、德钦、鹤庆、会泽、彝良等地方有云参。滇中宜良、通海、寻甸、东川、玉溪等地也有人工种植。四川西部、西藏东南部也有产。主要分布在海拔 2000 ~ 3500 米的山坡草地及灌木丛中。

图 62 云参的幼苗和根（朱龙章 拍摄）

从其资源优势、生态优势、市场和科研成果分析来看，云参具有很高的开发利用价值；从经济效益方面来说，远高于种植其他农作物的收益，是让农民增收的好项目。

云参的药用价值较高。其根含有黄酮香豆素、挥发油、糖、氨基酸、蛋白质、生物碱、有机酸、鞣质、酚类、树脂和少量皂苷等成分，其中黄酮香豆素为其主要成分之一。云参是一种能防治维生素 B 缺乏症，如脚气病、口舌炎、癞皮病，促进食物消化，消除气胀，促进食欲，防止贫血，抑制胆固醇沉积，预防动脉粥样硬化，预防胎儿畸形，具有良好保健功效的滋补药。民间用云参补气补血，治疗多种虚证，疗效显著。

中国科学院昆明植物研究所印明华先生对云参中挥发性臭味的化学成分进行了研究，结果显示，云参挥发性成分除了一些简单羧酸脂肪酸甲脂外，主要为一类芳香烃的同系物及同分异构体，几乎没有萜类挥发性物质。并认为，云参的特殊臭味就是来源于上述这些挥发性成分。原成都军区后勤驻昆办门诊部选择 40 例虚证的老年人服用云参蜜膏剂，结果表明，云参不但可改善症状，而且对提高血红蛋白有显著差异，服药后免疫球蛋白也明显变化，证明民间用云参补气补血，治疗多种虚证，疗效显著。

云参在民间作为廉价滋补佳品，和肉、鸡、排骨一起炖，具有补中顺气、生津之功效。云参作为一种老幼皆喜食的特种蔬菜，深受城乡居民喜爱。

二、生长环境条件

云参为半喜阴植物，耐寒性较强，高温对其生长不利。主要分布在海拔 2000～3500 米的森林边缘、灌木丛及山野阳坡草丛中。茎高 2 米左右，根为肉质，呈圆柱状或纺锤形，有黄白色乳汁，具特殊臭味。种植的土壤以土层深厚、排水良好、含腐殖质多的土壤为宜，对光照要求严格，幼苗喜阴，成苗后喜阳，忌连作。

三、栽培管理技术

（一）繁殖方式

云参种植采取种子繁殖方式，先育苗，再移栽。育苗方式如下：

1. 选种

选择无病害、饱满、发芽率高的云参种子，存放一年以上的老种子发芽率较低，不宜采用，挑选出来的种子需在太阳下暴晒 5 个小时左右。

图 63　云参种子（朱龙章　供图）

2. 选地整地

云参育苗地的海拔高度为 2200～3500 米，育苗地选半阴半阳坡，离水源近，无地下害虫和宿根草的山坡地或二荒地。种植土壤应选择排水良好、富含腐殖质和磷、钾的疏松肥沃的砂质壤土，以森林灰化土、活黄土及花岗岩风化土为佳，而灰泡土、碱性土不宜种云参。前茬不宜为根茎作物，如洋芋，而以玉米、荞麦、苜蓿等作物为好。pH 值为 5.5～6.5 的沙质壤土或壤土适宜。

种云参的地，要把地面上的枯枝柴草用火烧掉，可烧死部分病菌和虫卵。当年翻地整地，翻耕的深度一定要深，深度在 30 厘米左右，这样有利于云参根的生长。播种前再进行细致的整地，土壤碎堡颗粒约 1～2 厘米。播前每平方米用 75% 五氯硝基甲苯可湿性粉剂和 50% 多菌灵各 6 克进行土壤消毒，或者每亩地撒 50 千克的熟石灰，用机械或牛犁把它与土壤混匀，如不进行土壤消毒，云参幼苗易感病。

3. 种子消毒

播前，用 50% 退菌特 1000 倍液及 50% 多菌灵可湿性粉剂 1000 倍液浸种 3 分钟，再用清水漂洗 1 次，晾干后备用。

4. 催芽

催芽可提高种子发芽率或促使发芽整齐。选背风向阳、排水良好的地方，挖 20 厘米左右深的平底土坑，长宽视种子的多少而定，坑内放一个无底的木箱，或在土坑的四周嵌入木板。挖好排水沟后，将干种子用温水浸泡 24 小时后取出，与三倍左右的河沙混拌均匀，倒入坑内，摊平，再盖一层苇帘，或搭遮阴棚，防止曝晒和雨水冲淋。温度控制在 20 ~ 25℃，并适当洒水。催芽的种子 13 天左右开始萌芽。经过催芽的种子，一个星期后便可播种，不能超过 12 天，否则会对种芽造成机械损伤。

5. 播种

在昆明一般是 4 月中旬至 6 月上旬播种，若无灌水条件，则应根据天气降雨情况适时播种，其他地方也应根据节令因地制宜。条播，每亩播种量约为 1 千克（催芽前的干种子重量）。每亩大田约需苗床 60 平方米左右。

每亩苗地施用 70 千克的钙镁磷肥，30 千克钾肥作底肥。坡地建议顺山作畦，这样有利于排水，防止雨季积水，烂根。畦宽120 ~ 140 厘米（也可根据遮阳网的宽度确定），为了便于拔草，畦宽不能太宽，畦间宽 30 厘米。把经催芽的云参种子均匀地撒在垄上，不需要盖土，均匀地撒一层草木灰和充分腐熟而细散的农家肥，厚度为 0.5 ~ 1 厘米，最后，用竹条或细钢筋在畦上起拱架，盖上遮阳网，立即在遮阳网上进行浇水并浇透。

6. 苗期田间管理

（1）浇水。如果长时间不下雨，就要勤浇水，三天两头地浇，一定要保持土壤的湿度，否则经催芽的云参种子不会出苗。浇水时在水管上安装一个喷头。出苗后也要保持土壤湿度。

（2）中耕除草。清除杂草是保证云参产量的重要因素之一，因此应勤除杂草，拔草时注意不要连云参苗一起拔出，次数要适宜，不能在雨天和烈日时进行。

（3）移除遮阳网。当苗长到 3 厘米左右高时，就可以揭开遮阳网，让云参苗充分进行光合作用。揭网之前需要炼苗，避开在烈日的时候揭网，防止苗被晒死。遇多日连雨天，特别是苗高在 1 厘米左右时，云参苗在遮阳网内最易感病。

（4）割苗。当云参苗长到 15 厘米高时，这时候就不能让云参苗再长高了，需要把云参的茎蔓部分割掉，高度控制在 10～15 厘米，这样才有利于促进根的生长。此外，云参在育苗期栽培密度较大，如不做割苗处理，很容易感病。

图 64　云参的育苗（朱龙章　供图）

（二）整地

种植云参的地块，宜选半阴半阳坡，土壤排水良好、富含腐殖质和磷、钾肥的疏松肥沃的砂质壤土，前茬不宜为根茎作物，如洋芋，而以玉米、荞麦、苜蓿等作物为好。pH 值 5.5～6.5 沙质壤土或壤土适宜。每亩地施用 3000～4000 千克腐熟的农家肥，100 千克的钙镁磷肥和 50 千克的三元复合肥作底肥，施足底肥是云参获得高产的重要措施。

（三）定植

1. 时间

在昆明，云参定植、移栽的时间是 12 月份左右。如果过早移栽，气温高，易感病；过晚移栽，气温低，突遇霜冻，云参苗易冻死。具体时间应根据当地气候条件灵活掌握。

2. 定植方法

挖云参苗时，不要碰伤根部和芽苞，及时装入背篓，防止风吹日晒。选无病虫害及健壮的苗，分为大、中、小 3 种规格移栽。同一规格的云参苗，栽种在同一地块。如果不同规格参苗混栽，大苗会妨碍小苗生长，造成减产。栽前，苗根用 1 : 1 : 120 波尔多液浸泡 10 分钟，或用 50% 的多菌灵 500 倍液浸泡 15 分钟，晾干水汽后再移栽。山坡地从下往上栽种，用板锄横畦开沟，沟深为 10 ~ 12 厘米，参

图 65　云参的定植（朱龙章　供图）

苗平放沟内，头朝下坡方向，根不要弯曲。平地种参与山坡地栽种相似，多采用斜栽，即将参苗倾斜 30 ~ 40° 栽于土中。株距为 10 ~ 12 厘米，行距为 18 ~ 20 厘米。最后浇足缓苗水。

（四）田间管理

1. 不留种的云参管理

移栽后要防止牲畜践踏。第二年春天，云参开始发芽生长，当株高 30 厘米以后，需不定期进行割藤处理（割下的云参藤是很好的养殖饲料，应配套发展养殖，增加收入），有利于促进根的生长。生长中期，可利用连绵雨时节撒施尿素，每亩每次施用量 10 千克，间隔 20 天左右，连续追施 3 ~ 4 次为宜。不下雨不能施用尿素，否则易烧苗。同时要及时薅草，控制杂草生长。

2. 留种的云参管理

对留种的云参，不能割藤，当茎长到 20 厘米左右，需要插杆，让茎蔓爬杆生长、开花结籽，当籽的外壳变黄后采摘，集中放在太

阳下晒干，通过脱壳处理后，得到云参种子，用布袋包装储存，留下一年播种用。

图 66 云参留种的植株　　　　　　图 67 云参的花

（朱龙章 拍摄）　　　　　　　　（饶维力 拍摄）

四、病虫草害防治

（一）病害

云参在幼苗期易感病，主要病害为根腐病、霜霉病和疫病。病害的防治应以预防为主。幼苗初期，喷施绿亭一号预防病害；7～10天后用甲霜灵锰锌 500 倍＋菌毒清 300 倍喷雾 2～3 次预防。

（1）根腐病发病时，根部逐渐腐烂，腐烂的根变成红褐色，植株萎蔫，叶片下垂，像开水烫过似的，在潮湿的田间，腐烂株的茎表有霉状物生出，最后病株死亡；防治方法是用 50% 多菌灵可湿性粉剂 1000 倍液喷洒。

（2）霜霉病表现为叶背后产生褐色的霜状霉层；防治用 50% 退菌特 800～1000 倍液喷洒 3～4 次，或用 1∶1∶500 倍的波尔多液或65% 代森锌可湿性粉剂 600～800 倍液喷洒。同时除去病株，改善通风透光条件，可减少发病。

（3）疫病发病初期用 1∶1∶120 倍波尔多液喷洒，同时降低田间湿度。

（二）虫害

云参的主要虫害有蛴螬、红蜘蛛及地老虎。

（1）蛴螬在夏季多雨、土壤湿度大、厩肥施用较多的土中出现，主要是危害云参的根部。防治方法：要施用腐熟的有机肥，不腐熟的农家肥坚决不能用，以防止招引成虫来产卵；用1500倍锌硫磷溶液浇植株根部。

（2）红蜘蛛以成虫、若虫群集于叶背吸食汁液，并拉丝结网，危害叶片和嫩梢，使叶片变黄，最后脱落，秋季天旱时易发生。防治方法：云参移栽前，把地面上的枯枝杂草集中用火烧掉，可烧死部分病菌和虫卵，移栽前，对土壤消毒，喷波美1～2度石硫合剂3次。

（3）地老虎主要用百树得、乐斯本、甲维盐等喷雾防治。

五、采收

云参移栽后的第二年10月下旬开始采挖。选择晴天进行采挖。采挖时，先割去地上部分，再将参根挖出，除去泥土，按大、中、小号分类，15～20株一捆，分别用线扎起来，大号和中号的可包装出售，小号的云参再次移栽，提高经济价值。

（作者：朱龙章，昆明市农业科学研究院；陈雨佳，云南师范大学传媒学院2017级本科；李昌远，昆明市农业科学研究院）

参考文献

［1］张运涛，王桂霞．无公害草莓安全生产手册［M］．北京：中国农业出版社，2008.

［2］黄敏．云南草莓栽培实用技术［M］．昆明：云南科技出版社，2013.

［3］王晓立，韩浩章，苗昌云等．草莓栽培现状与栽培方式概述［J］．安徽农学通报，2020，26（10）：42～43.

［4］倪海枝，陈方永，王引等．东魁杨梅优质丰产栽培技术概述［J］．浙江柑橘，2019，36（02）：26～30.

［5］张兴旺．云南果树栽培实用技术［M］．昆明：云南科技出版社，2010.

［6］谢深喜．杨梅现代栽培技术［M］．长沙：湖南科学技术出版社，2014.

［7］龙颖弘．杨梅早结丰产栽培技术［J］．林业与生态，2019（04）：36～37.

［8］孙崇德，张波，徐昌杰，等．杨梅果实采后生物学特性与冷链物流技术［J］．中国果业信息，2013，30（07）：36～37.

［9］颜丽菊．杨梅安全优质丰产高效生产技术［M］．北京：中国农业科学技术出版社，2014.

［10］吴健生．百香果常见的病虫害及预防措施［J］．江西农业，2020，177（4）：32～33.

［11］周红玲，郑云云，郑家祯，等．百香果优良品种及配套栽培技术［J］．中国南方果树，2015，044（002）：121～124.

［12］劳冬梅，吴志鸿，伍艳红，等．百香果栽培管理技术浅析［J］．南方农业，2020，14（03）：45～46、48.

［13］李艳霞，邓继峰．树莓在我国的引种栽培、繁殖研究［J］．中国林副特产，2017（1）：57～59

［14］张志敏，朱祥，刘针杏，等．树莓栽培育种现状及主要性状的研究进展［J］．现代园艺，2017（11）：10～12.

［15］李锋.树莓栽培技术.第2版［M］.长春：吉林出版集团有限责任公司，2010.

［16］薄艳红，贾明，白瑞亮，等.树莓栽培和贮藏加工研究进展［J］.山东林业科技，2019，49（05）：113～117.

［17］张清华，王彦辉，郭浩.树莓栽培实用技术［M］.中国林业出版社，2014.

［18］杨燕林，和加卫，唐开学，等.云南树莓病虫害调查初报［J］.植物保护，2009（1）：129～131.

［19］李亚东，刘海广，唐雪东.蓝莓栽培图解手册［M］.北京：农业出版社，2014.

［20］阳翠，王军，陈昌琳，等.不同蓝莓栽培品种的农艺性状和品质特性［J］.南方农业学报，2019，50（04）：118～124.

［21］科学技术发展研究院.小浆果病虫害安全防控关键技术研究与应用［J］.沈阳农业大学学报，2019，50（5）：528.

［22］李炎，程云，刘琳，等.盐碱地区蓝莓栽培关键技术［J］.北方园艺，2018，420（21）：212～213.

［23］张亚春，陈晓艳，李建华.大理芝麻菜及其商品菜栽培技术［J］.长江蔬菜，2014（13）：29～30.

［24］赫长建，贾廷伟，李芳功.黄秋葵优质高产栽培技术［J］.经济作物，2017（34）：12.

［25］敖立琴.秋葵的优质高效栽培技术［J］.农业科技，2019（05）：17

［26］赵科选.黄秋葵的高产栽培技术［J］.种植，2017（9）.

［27］王健全，曾纪逢，谢慧琴，等.藜蒿的高产栽培技术［J］.现代园艺，2018（7）.

［28］李会萍.浅水藕栽培实用技术［J］.云南农业，2020（2）.

［29］王亚梅.浅水藕高产栽培技术［J］.云南农业，2018（11）.

［30］董昕瑜，周淑荣，郭文场，等.中国茭白的栽培管理、贮藏和食用方法［J］.特种经济动植物，2019（3）.

［31］董昕瑜，周淑荣，郭文场，等.中国茭白的品种简介［J］.

特种经济动植物，2018（5）.

［32］吴小红，敖元秀，魏玉翔.香辛蔬菜芝麻菜栽培技术［J］.长江蔬菜，2020（15）.

［33］杨加勤，杨社娟.大理地区芝麻菜的栽培技术［J］.云南农业科技，2016（3）.

［34］中国农业科学院蔬菜花卉研究所.中国蔬菜栽培学［M］.北京：中国农业出版社，2010.

［35］韩嘉义.名特优新蔬菜栽培［M］.昆明：云南科技出版社，1997.

［36］李昌远，朱龙章，徐锋，李毅成.臭参的特征特性及高产栽培技术［J］.现代农业科技，2012（24）：107～108.

［37］段琼芬，赵虹，王有琼.云南臭参的研究现状与开发构想［J］.云南民族学院学报（自然科学版），2003（12）：39～40.

［38］赵光云，张华，张崇丽，刘仕存.高山区臭参丰产栽培技术［J］.吉林农业·下半月，2013（7）.

［39］胡滇碧.中药材实用栽培技术［M］.云南大学出版社，2015.

［40］徐国钧，王强.中草药彩色图谱（第四版）［M］.福建科学技术出版社，2013.

［41］李泽诚，徐宁，胡滇碧，等.金银花栽培技术规程（企业标准 Q/YWNY03-2019）［S］.2019.

［42］李泽诚，徐宁，胡滇碧，等.白及林下栽培技术规程（企业标准 Q/YWNY02-2019）［S］.2019.

［43］李泽诚，徐宁，胡滇碧，等.多花黄精林下栽培技术规程（企业标准 Q/YWNY01-2019）［S］.2019.

［44］国家药典委员会.中华人民共和国药典［M］.中国医药科技出版社，2015.

［45］陈康，李敏.中药材种植技术［M］.中国医药科技出版社，2006.

［47］陈贵林，孙淑英，王丽红，等.30种常用中药材规范化种植技术［M］.中国农业出版社，2019.